全—本—全—注—全—译

孝经 女孝经

中华文化讲堂 注译

吴江波 修订

团结出版社

图书在版编目（CIP）数据

孝经、女孝经 / 中华文化讲堂注译. — 北京：团
结出版社，2016.11

（谦德国学文库）

ISBN 978-7-5126-4596-7

Ⅰ. ①孝… Ⅱ. ①中… Ⅲ. ①家庭道德—中国—古代
②《孝经》—注释③《女孝经》—注释 Ⅳ. ①B823.1

中国版本图书馆CIP数据核字(2016)第266613号

出版：团结出版社

（北京市东城区东皇城根南街84号 邮编：100006）

电话：(010) 65228880　　65244790　（传真）

网址：www.tjpress.com

Email：65244790@163.com

经销：全国新华书店

印刷：天宇万达印刷有限公司

开本：148×210　1/32

印张：6.5

字数：150千字

版次：2017年2月　第1版

印次：2022年9月　第4次印刷

书号：978-7-5126-4596-7

定价：36.00元

《谦德国学文库》出版说明

人类进入二十一世纪以来，经济与科技超速发展，人们在体验经济繁荣和科技成果的同时，欲望的膨胀和内心的焦虑也日益放大。如何在物质繁荣的时代，让我们获得内心的满足和安详，从经典中获取智慧和慰藉，或许是我们不二的选择。

之所以要读经典，根本在于，我们应当更好地认识我们自己从何而来，去往何处。一个人如此，一个民族亦如此。一个爱读经典的人，其内心世界必定是丰富深邃的。而一个被经典浸润的民族，必定是一个思想丰赡、文化深厚的民族。因为，文化是民族之灵魂，一个民族如果不能认识其民族发展的精神源泉，必定就会失去其未来的生机。而一个民族的精神源泉，就保藏在经典之中。

今日，我们提倡复兴中华优秀传统文化，当自提倡重读经典始。然而，读经典之目的，绝不仅在徒增知识而已，应是古人所说的"变化气质"，进一步，是要引领我们进德修业。《易》曰："君子以多识前言往行，以畜其德。"实乃读经典之要旨所在。

基于此理念，我们决定出版此套《谦德国学文库》，"谦德"，即本《周易》谦卦之精神。正如谦卦初六爻所言："谦谦君子，用涉大川"，我们期冀以谦虚恭敬之心，用今注今译的方式，让古圣先贤的教诲能够普及到每一个人。引导有心的读者，透过扫除古老经典的文字障碍，从而进入经典的智慧之海。

　　作为一套普及型的国学丛书，我们选择经典，不仅广泛选录以儒家文化为主的经、史、子、集，也将视野开拓到释、道的各种经典。一些大家所熟知的经典，基本全部收录。同时，有一些不太为人熟知，但有当代价值的经典，我们也选择性收录。整个丛书几乎囊括中国历史上哲学、史学、文学、宗教、科学、艺术等各领域的基本经典。

　　在注译工作方面，版本上我们主要以主流学界公认的权威版本为底本，在此基础上参考古今学者的研究成果，使整套丛书的注译既能博采众长而又独具一格。今文白话不求字字对应，只在保证文意准确的基础上进行了梳理，使译文更加通俗晓畅，更能贴合现代读者的阅读习惯。

　　古籍的注译，固然是现代读者进入经典的一条方便门径，然而这也仅仅是阅读经典的一个开端。要真正领悟经典的微言大义，我们提倡最好还是研读原本，因为再完美的白话语译，也不可能完全表达出文言经典的原有内涵，而这也正是中国经典的魅力所在吧。我们所做的工作，不过是打开阅读经典的一扇门而已。期望藉由此门，让更多读者能够领略经典的风采，走上领悟古人思想之路。进而在生活中体证，方能直趋圣贤之境，真得圣贤典籍之大用。

经典，是古圣先贤留给我们的恩泽与财富，是前辈先人的智慧精华。今日我们在享用这一份恩泽与财富时，更应对古人心存无尽的崇敬与感恩。我们虽恭敬从事，求备求全，然因学养所限、才力不及，舛误难免，恳请先贤原谅，读者海涵。期望这一套国学经典文库，能够为更多人打开博大精深之中华文化的大门。同时也期望得到各界人士的襄助和博雅君子的指正，让我们的工作能够做得更好！

团结出版社

2017年1月

前　言

　　中国是个重视孝道的国家，孝是中华民族的传统美德。《孝经》就是这样一部讨论孝道的书，传为孔子所作。

　　"孝"是会意字，篆文的"孝"字，是"老"与"子"合在一起，成了一个"孝"字。"老"是上一代，"子"是下一代，上一代与下一代融成一体称为"孝"。《说文解字》在解释"孝"字说："善事父母者。"

　　《孝经》以"孝"为中心，比较集中地阐发了儒家的伦理思想，认为"夫孝，天之经也，地之义也，人之行也"，强调"孝"源于天地的垂范。书中指出，孝是诸德之本，"人之行，莫大于孝"，施政者可以用孝治理国家，人民则能够用孝来立身齐家。

　　《孝经》在中国伦理思想中，首次将孝亲与忠君联系起来，认为"忠"是"孝"的发展和扩大，并把"孝"的社会作用推而广之，认为"孝悌之至"就能够"通于神明，光于四海，无所不通"。《孝经》对实行"孝"的要求和方法也做了详明而系统的阐发。它主张把"孝"贯穿于人的一切行为之中："身体发肤，受之父母，不敢毁伤"，是孝之始；"立身行道，扬名于后世，以显父母"，是孝之终。它按照父母生老病死的生命过程，提出"孝"的具体要求："居则致其敬，养则致其乐，病则致其忧，丧则致其哀，祭则致其严。"

《孝经》还根据人职责的不同，规定了行"孝"的不同内容：天子之"孝"要求"爱敬尽于其事亲，而德教加于百姓，刑于四海"；诸侯之"孝"要求"在上不骄，高而不危，制节谨度，满而不溢"；卿大夫之"孝"则一切按先王之道而行，"非法不言，非道不行，口无择言，身无择行"；士阶层的"孝"是忠顺事上，保禄位，守祭祀；庶人之"孝"应"用天之道，分地之利，谨身节用，以养父母"。

《孝经》在古代政治生活中受到高度的重视，历代施政者对它都极力加以提倡。汉平帝时，地方学校设置《孝经》经师。唐代规定，在官学中学习的人必须兼通《孝经》和《论语》。一些帝王还亲自为《孝经》作注疏，并颁行天下，如梁武帝曾作《孝经义疏》十八卷、唐玄宗作《孝经注》一卷、清雍正皇帝作《御纂孝经集注》等。影响最大的注本则是唐玄宗李隆基注、宋代邢昺疏。

南宋以后，《孝经》被列为"十三经"之一。在中国自汉代至清代的漫长社会历史进程中，它被看作是"孔子述作，垂范将来"的经典，对维护纲常伦理和社会长治久安发挥了巨大作用。

我们这次注释的《孝经》，经文以清代阮元所刻《十三经注疏》本为底本，每一章都作了题解，对正文有详细的注释和翻译，适合各种层次的人士阅读。

除了《孝经》外，历史上还有一部《女孝经》，为唐代郑氏所撰。郑氏是唐朝散郎侯莫陈邈之妻。侯莫陈是三个字的复姓。

《女孝经》前面有一篇"进书表"，称侄女策为永王妃，因作此以戒。《唐书·艺文志》中没有这本书的记载，到了《宋史·艺文志》才开始有记载。

《宣和书谱》载，孟昶时有石恪画《女孝经》像八，则五代时乃盛行于世也。

《女孝经》模仿《孝经》，也为十八章，每一章开头都假借班大家以立言。进表里面讲到，这是作者不敢自专，因此以班大家为主人公。书中讲述了后妃、夫人、邦君妻和庶人妻应该如何行孝。又对女子应该如何侍奉公婆、治理家庭、修养德行、劝谏丈夫、教导子女作了详细的说明，是女子修身养德的一本好书。这本书和同样成书于唐代的《女论语》一样，对后世的女德教育都有着非常深远的影响。

本书还收入了《二十四孝》和《新辑二十四孝》。

《二十四孝》全名《全相二十四孝诗选集》，是元代郭居敬编录，另有一说是其弟郭守正编，第三种说法是郭居业撰。由不同时代的二十四位孝子，在不同角度、不同环境、不同遭遇的境况下仍然力行孝道的故事。由于后来的印本大都配以图画，故又称《二十四孝图》。为中国古代宣扬儒家思想及孝道的通俗读物。其故事大都取材于西汉经学家刘向编辑的《孝子传》，也有一些故事取材于《艺文类聚》《太平御览》等书籍。干宝的《搜神记》卷十一收录三则鲤鱼自动破冰弹跳的故事,主角有王祥、王延、楚像等三人。

杨伯峻在《经书浅谈》中考证说:"元代郭守正将二十四位古人孝道的事辑录成书,由王克孝绘成《二十四孝图》流传世间;清末,张之洞等人将之扩编至《百孝图说》。应园先生邀请为其86岁父亲庆寿,陈少梅完全依照元代王克孝《二十四孝图》内容绘制了《二十四孝图》卷,与之相比,徐操创作的《二十四孝史》则更具个性化。"

《二十四孝》的故事中,其中"郭巨埋儿""王祥剖冰",被后世人批判为愚孝,其行为以现代人的眼光确实难以理解,而其结果更是难以用今日的科学来解释。然而,正如《孝经》里说:"孝悌之至,通于神明,光于四海,无所不通",这种境界,只有真正将孝道尽到感动天地的人,才能够完全体会。"慕贤当慕其心",随着时代的发展,孝的形式也许会有所变化,但是,孝道的精神,则会光如日月,亘古常恒。

民国年间,郭立志从古人的孝道故事中选取二十四则,编辑成《新辑二十四孝》。分别由吴光宇、齐白石、吴镜汀、王雪涛、陈半丁、胡佩衡等一大批著名画家为此书作画。题赞部分由傅增湘、张国溶、潘龄皋、邵章等一大批清季翰林、学人手书题写,由清末最后一个状元刘春霖题签。由于这本书存世极少,我们特将此书整理,一并出版。

由于注译者水平所限,其中不免有不当之处,敬请读者批评指正。

目　录

孝经

开宗明义章第一

【题解】这一章是全书的纲领,开示孝道的宗旨,阐述了孝的三个层次:开始于侍奉父母,扩大到为国家、为人民服务,最终是成圣成贤,回归本善。

仲尼居①,曾子侍②。子③曰:"先王有至德要道④,以顺天下⑤,民用和睦⑥,上下⑦无怨。汝⑧知之乎?"曾子避席⑨曰:"参不敏⑩,何足以知之⑪?"子曰:"夫⑫孝,德之本也⑬,教之所由生也⑭。复坐⑮,吾语汝。身体发肤⑯,受之父母⑰,不敢毁伤,孝之始也。立身行道⑱,扬名于后世,以显父母,孝之终也。夫孝,始于事亲,中于事君,终⑲于立身。《大雅⑳》云:'无念尔祖㉑,聿修厥德㉒。'"

【注释】①仲尼居:仲尼,孔子的字。居,闲坐。②曾子侍:曾子,名参,字子舆。侍,卑者侍奉在尊者之侧。侍有坐有立,此处当为侍坐在侧。邢《疏》中说:"夫子以六经设教,随事表名,虽道由孝生,而孝纲未举,将欲开明其道,垂之来裔。以曾参之孝,先有重名,乃假因闲居,为之陈说。自标己字,称仲尼居,呼参为子,称曾子侍,建此两句,以起师资问答之体,似若别有承受而记录之。"③子:本为古代男子的通用美称。④先王有至德要道:先王,指古代的圣德之王,如夏禹、商汤、周文王、周武王。至德,最美好、最高尚的德行,即指下文之孝行。要道,最重要的道理。⑤顺:顺从,使天下人心顺服。⑥民用和睦:用,因而,由此。和睦,和,协调、融洽;睦,相亲。⑦上下:指各种人之间。古代为等级社会,人与人之间有上下尊卑的等级区分。⑧汝:你。此处指曾参。⑨避席:离席而立。曾参本侍坐于侧,因孔子问话,曾参为表示对老师的恭敬,因而起身离开坐席,站立回答。⑩不敏:敏,聪明、睿达、有智慧。不敏,为曾参自谦之词,犹言愚钝、鲁钝。⑪何足以知之:足,够得上、配得上。此处为曾参自谦之词。邢《疏》言:"又假言,参闻夫子之说,乃避所居之席,起而对曰:'参性不聪敏,何足以知先王之至德要道之言义?'"⑫夫:发语词。⑬德之本也:本,根本。邢《疏》言:"此依郑注,引其圣治章文也。言孝行最大,故为德之本也。德则至德也。"邢《疏》云:"《正义》曰:云'孝者,德之至,道之要也',依王肃义,德以孝而至,道以孝而要,是道德不离于孝。殷仲文曰:穷理之至,以一管众为要。"⑭教之所由生也:教,指教化。邢《疏》言:"《正义》曰:此依韦注也。案《礼记·祭义》称曾子云'众之本教曰孝',《尚书》'敬敷五教',解者谓教父以义,教母以慈,教兄以友,教弟以恭,教子以孝。举此,则其余顺人之教,皆可知也。"⑮复坐:复,重新。因曾参回答问话后仍然站立着,故让其重新坐下。⑯身体发肤:身,头颈胸腹。体,四肢。发,身上的毛发。肤,皮肤。⑰受之父母:受,接受。指子女的肉体是父母给予的。⑱立身行道:立,树立、成就。立身,树立自身于天地之间,指有崇高的道德修养,成就功名与事业。行道,实行天下的大道。⑲终:最后,老年时,或言指孝道的终极阶段、最高要求。⑳大雅:下引诗句《诗经·大雅·文王》。《文王》为大雅中的一首诗歌。㉑无念尔祖:无,发声词,无义。念,想念。尔祖,你的先祖。㉒聿修厥德:聿,语助词。厥,代词,其,指文王。

【译文】孔子在家里闲坐，他的学生曾参在旁侍坐。孔子说："古代的圣王有至高之德、切要之道，用以顺天下人心，使人民和睦相处，上上下下都没有怨恨。你知道先王的至德要道是什么吗？"曾子离席而起，恭敬地回答说："学生曾参愚昧，怎么会知道呢？"孔子说："孝，是德行的根本，一切教化都从这里生发开来。你坐下，我现在就跟你讲！人的身体以至每一根毛发和每一块皮肤，都是父母给予的，应当谨慎爱护，不敢稍有毁伤，这是实行孝道的开始；以德立身，实行大道，使美好的名声传扬于后世，以光耀父母，则是实行孝道的最终目标。所以实行孝道，开始于侍奉双亲，进而在侍奉君主的过程中得到发扬光大，最终的目的就是成就自己的德业。《诗经·大雅》说：'常常怀念祖先的恩泽，念念不忘继承和发扬他们的德行'。"

天子章第二

【题解】这一章讲述天子的孝道，论说天子如何把爱敬双亲之心扩展至天下百姓，让人民受到感化，都能效法天子而去尽孝。

子曰①："爱亲者，不敢恶于人②；敬亲者，不敢慢于人③。爱敬尽于事亲，而德教加于百姓，形④于四海。蓋⑤天子之孝也。《甫刑》⑥云：'一人有庆⑦，兆民赖之⑧。'"

【注释】①子曰：本章承接上章之文，还是孔子对曾参的讲话。自此及以下四章，皆为孔子一次所讲的话。故正文不再出现"子曰"。②不敢恶于人：恶，厌恶、憎恨、不喜欢。意为天子作为热爱自己父母的人，就要扩大去热爱天下的父母亲。③不敢慢于人：慢，轻侮、怠慢。此句言天子要广泛地敬重他人。④形：通"型"。法式，典范。⑤蓋：语气词。多用于句首。⑥甫刑：即《尚书》中的《吕刑》篇。⑦一人有庆：一人，指天子。庆，善。⑧兆民赖之：兆民，万民，指天下的所有人。古人所说的"兆"，即指一百万，也指十亿，后指一万亿。此处泛言极多，非实数。赖，依靠、凭借、仰赖。

【译文】孔子说："天子真正爱护自己的父母，也就不敢厌恶任何人；真正尊敬自己的父母，也就不敢轻慢任何人。天子竭尽爱护尊敬来侍奉双亲，将这种道德教育推广到天下百姓，让四海之民都能起而效法，这就是天子的孝道啊！《尚书·吕刑》说：'天子有爱敬父母的善德，天下万民都会仰赖他。'"

诸侯章第三

【题解】这一章是讲述诸侯的孝道。诸侯应以谦逊谨慎、不骄不奢的态度，遵守法律法规，节约生活费用，这样才能够长守富贵，保全自己的国家，使官员百姓和睦安乐。

在上不骄①，高而不危②；制节谨度③，满而不溢④。高而不危，所以长守贵也；满而不溢，所以长守富也。富贵不离其身，然后能保其社稷⑤，而和其民人⑥。盖诸侯之孝也。《诗》⑦云："战战兢兢，如临深渊，如履薄冰。"

【注释】①在上不骄：在上，诸侯为列国之君，贵在一国臣民之上，故言"在上"，即处于高位的意思。骄，自满、自高自大。无礼为骄。②高而不危：高即上，言诸侯居于一国最高之位，所处甚高。危，危殆、危害。此接上句，意为诸侯居于万人之上的高位，仍能不自高自大，则不会发生危殆。③制节谨度：制节，花费节省，生活俭朴。谨度，指言行谨慎而合乎礼法。④满而不溢：满，国库充实，钱财很多。溢，过分，此处指生活奢侈，与骄相对。⑤社稷：社是祭祀土神的场所，亦代指土神；稷为五谷之长，是谷神。⑥和其民人：民人，即人民、百姓。⑦诗：以下引文，见《诗经·小雅·小旻》。

【译文】（诸侯）处在万民之上而不骄慢，即使身居高位，也不会产生倾覆的危险；节约费用，谨守法度，即使财富充足，也不会奢侈浪费。身处高位而没有倾覆的危险，所以能长久地保持他的尊贵；财富充裕而不奢侈挥霍，所以能长久地保持他的富有。能使富有和尊贵不离开自身，然后才能保全社稷，使自己的人民和睦相处，这就是诸侯的孝道啊！《诗经·小雅》说："要戒慎恐惧，小心谨慎，就像站在深渊之旁，又像踏在薄冰之上。"

卿大夫章第四

【题解】这一章是讲述卿大夫的孝道。卿大夫从服饰、言论、行动等方面都必须符合先王所制定的礼制，为民众作出表率，才能保全宗庙及祭祀，以事奉国君、服务百姓。

非先王之法服①，不敢服；非先王之法言②，不敢道；非先王之德行③，不敢行。是故非法不言，非道不行。口无择言④，身无择行⑤。言满天下无口过⑥，行满天下无怨恶⑦。三者⑧备矣，然后能守其宗庙⑨。蓋卿大夫之孝也。《诗》云⑩："夙夜匪懈⑪，以事一人。"

【注释】①先王之法服：先王制定的各种等级的人的规定服饰。②法言：合乎礼法的言语，即《诗》《书》等中的言论。③德行：合乎礼乐的道德行为。④择言：择通"殬"〔dù〕，败坏，败言或不合法度的议论。⑤择行：败坏的德行或不合法度的行为。⑥言满天下无口过：言满天下，言语传遍天下。口过，口中有失。⑦怨恶：怨恨厌恶。⑧三者：指上文之合于先王的服饰、言语和德行。⑨宗庙：古代祭祀先人的场所。⑩诗：下引诗句，见《诗经·大雅·烝民》。⑪夙夜匪懈：夙，早晨。夜，晚间。匪，同"非"，不。懈，怠惰、松懈。

【译文】（卿大夫）非先王规定的服装不敢穿，非先王的礼法言论不敢讲，非先王遵奉的道德行为不敢行。所以，不合礼法的话不讲，不合道德的行为不行。口中没有不合乎礼法之言，自身没有不合乎礼法之行，纵使言语传遍天下，也不会口中有失，即使所作所为天下皆知，也不会有怨恨厌恶。"服饰、言语、行为"，三者都能完备无缺，然后就能守住其祭祀先祖的宗庙。这就是卿大夫的孝道啊！《诗经·大雅·烝民》说："要早晚勤奋不懈，来侍奉于天子。"

士章第五

【题解】这一章讲述士的孝道。士要移孝作忠，以侍奉父母的爱敬之心侍奉国君、长上，做到事君以忠，事上以顺，尽忠职守，完成自己肩负的重任。

资①于事父以事母，而爱同；资于事父以事君，而敬同。故母取其爱，而君取其敬，兼之者父也。故以孝事君则忠，以敬事长则顺。忠顺不失，以事其上，然后能保其禄位，而守其祭祀②。蓋士之孝也。《诗》③云："夙兴夜寐，无忝尔所生④。"

【注释】①资：取，拿。②守其祭祀：祭，际也，神人相接为祭。祀，似也，言祀者似将见先人也。祭祀，指备供祭品以祭神供祖的活动。③诗：下文所引诗句见《诗经·小雅·小宛》。④夙兴夜寐，无忝尔所生：夙，早、早上。兴，起、起床做事。寐，睡觉。无，别、不要。忝，辱、羞辱。尔所生，生养你的人，即你的生身父母。

【译文】用奉事父亲的行为来奉事母亲，其亲爱是一样的；用奉事父亲的行为来奉事君主，其恭敬也是一样的。所以，对母亲要重视爱，对君主要重视敬，对父亲则是两者兼备。因此，用侍奉父亲的孝道来侍奉君主，必能做到忠诚；用敬顺兄长的悌道来侍奉上级，必能做到顺从。忠诚和顺从，都做到没有什么欠缺和过失，用这样的态度去侍奉君主和上级，就能保住自己的俸禄和职位，守住宗庙的祭祀。这就是士人应尽的孝道啊！《诗经·小雅·小宛》说："要早起晚睡地尽孝尽忠，不要有辱于生养自己的父母。"

庶人章第六

【题解】这一章是天子、诸侯、卿大夫、士、庶人五孝的最后一条，讲述普通百姓的孝道，就是掌握自然规律进行生产，收获粮食，供养父母。在日常生活中，不违礼法，恭谨做人，节约用度，以更好地奉养父母，让父母能够安安乐乐地终其天年。

本章对天子、诸侯、卿大夫、士、庶人的孝道作总结，说明人虽有尊卑贵贱的不同，但事亲尽孝的心是没有分别、没有终始的。如果有人担心能力不够，无法尽孝，那是没有道理的。

用天之道①，分地之利②，谨身节用③，以养父母④。此庶人之孝也。故自天子至于庶人⑤，孝无终始⑥，而患不及者⑦，未之有也。

【注释】①用天之道：用，顺应、凭依、利用。顺应春、夏、秋、冬四季变化的自然规律。②分地之利：分，区别、分别。利，利益、好处。指分辨土地的特性和优势，因地制宜种植农作物等。③谨身节用：谨，恭敬、谨慎。谨身，即对自己的身体恭敬、谨慎，言行合于礼法，不做违礼的事，就能远离刑罚的羞辱。节用，节约俭省，生活不奢侈浪费。④以养父母：以，拿来、用来。养，赡养，供养。⑤自天子至于庶人：指从尊如天子，下至诸侯、卿大夫、士，直至卑如庶人，无论尊贵还是卑贱，都要实行孝道。本章自此开始总论五孝。⑥孝无终始：实行孝道，没有贵贱等级的差异，也没有开始与终结的区别。⑦而患不及者：患，忧虑、担心。及，赶上、做到。意为担心自己做不到孝。全句意为，从天子到庶人，实行孝道是人人都能做到的，不在于其地位的尊贵还是卑贱，也不在于是事亲还是立身。因此，担心自己不能做到孝道，是不会有的。一说"孝无终始"为行孝无终无始，"患"为祸患，故而释全句为：如果行孝道用心不纯，用力不果，致使在立身和事亲方面自始至终都没有做好，这样，要想祸患不及其身，那是不可能的。

【译文】顺应春、夏、秋、冬四季变化的自然规律，分辨土地的不同特点，行为谨慎，节约俭省，以此供养父母，这就是老百姓应尽的孝道啊！因此，从天子到百姓，不分贵贱，行孝都是无始无终、没有止尽的。如果有人担心自己无法尽孝，那是不可能的。

三才章第七

【题解】这一章是继"五孝"以后，孔子进一步显明孝道之含义，以天、地、人"三才"作为章名。

曾子曰："甚哉，孝之大也①！"子曰："夫孝，天之经②也，地之义③也，民之行④也。天地之经，而民是则之⑤。则天之明⑥，因地之利⑦，以顺天下⑧，是以其教不肃而成⑨。其政不严而治⑩。先王见教之可以化民也⑪，是故先之以博爱⑫，而民莫遗其亲⑬；陈之以德义⑭，而民兴行⑮；先之以敬让，而民不争。导之以礼乐，而民和睦⑯；示之以好恶，而民知禁⑰。《诗》云：'赫赫师尹，民具尔瞻⑱。'"

【注释】①甚哉，孝之大也：甚，很、非常。哉，语气词，表示感叹。大，伟大，此处主要指孝道内涵的广博和意义作用的广大。②经：常规、原则。指永恒不变的道理和规律。③义：适宜，态度公正，合理合法。④行：行，履行，实行。⑤而民是则之：是，指示代词，复指前文之"天地之经"。则，效法、作为准则。⑥则天之明：仿效天上的日、月、星辰给民众以温暖和光明。⑦因地之利：君主有指导农业生产的任务，故需考虑如何充分利用土地，以获得最大的收益。⑧以顺天下：以顺应天下人心。⑨是以其教不肃而成：是以，因此。其，指天子诸侯。肃，指用严厉惩治的办法去强制民众接受。成，成功、成就、达到目的。⑩其政不严而治：政，政治、政事。治，治理，即天下太平、社会安定。⑪先王见教之可以化民：先王，已逝世的帝王，此处指夏禹、商汤、周文王、周武王等圣王。教，教化，指思想道德和行动的感召。化，渐变，指民众受统治者行动的感召而逐渐向孝义和善变化。⑫是故先之以博爱：是故，因此。先，率先实行，带头去做，为民众做出榜样。博爱，广泛地实行仁爱、泛爱众人。⑬民莫遗其亲：遗，遗弃、遗忘。亲，指父母。⑭陈之以德义：陈，广布、陈说。言统治者率先陈说道德之美、正义之善。⑮民兴行：兴，起。行，实行。言民众都会自动地讲道德、行义举。⑯而民和睦：人民因此而和顺亲睦。⑰示之以好恶，而民知禁：示，拿出来给人看，使人明白。好，喜好和提倡的。恶，厌恶和反对的。禁，禁止，即不许做的非法的事。⑱诗：引自《诗经·小雅·节南山》，赫赫，光明盛大的样子。师尹，周朝三公之一，太师尹氏。

【译文】曾子听了孔子所讲的孝道后，赞叹地说："啊，孝道的意义实在太大了！"孔子说："孝道，犹如天地运行恒常不变，犹如大地利益万物，这是人最为根本的德行。天地这种不变的法则，人应该效法它。仿效上天光明普照，依照大地所出产的物品，用来治理天下万民。因此其教化不需要严肃的态度就可成功，政令无须靠严厉的手段推行而天下大治。先王看到这样的教化可以转化人心，所以率先实行孝道，博爱大众，使百姓不会遗弃双亲；再来陈述道德仁义，让百姓心生仰慕，愿意效法；先行礼敬谦让，做出表率，使百姓不会互相争斗；再以礼乐来引导，让百姓身心和谐，和睦相处；指示人民什么是好的，什么是坏的，人民就知道禁令而不违犯了。《诗经·小雅·节南山》上说：'助君行化教民的尹氏，真是民众仰望的好模范。'"

孝治章第八

【题解】这一章是孔子为我们陈述明王如何以孝治理天下。用孝道来治理天下，能感得天下和平，灾害不生，祸乱不作，国泰民安，世界和谐，天下大治。

子曰："昔者明王之以孝治天下也①，不敢遗小国之臣②，而况于公、侯、伯、子、男③乎？故得万国④之欢心，以事其先王⑤。治国者⑥，不敢侮⑦于鳏寡，而况于士民乎⑧？故得百姓之欢心，以事其先君⑨。治家者⑩，不敢失⑪于臣妾，而况于妻子⑫乎？故得人之欢心⑬，以事其亲⑭。夫然⑮，故生则亲安之⑯，祭则鬼飨⑰之。是以天下和平，灾害不生，祸乱不作。故明王之以孝治天下也如此。《诗》⑱云：'有觉德行⑲，四国顺之⑳。'"

【注释】①昔者明王之以孝治天下也：昔，过去、古代。明王，英明圣睿的天子，即首章所说的先王。②不敢遗小国之臣：遗，遗弃、遗忘、不放在心上。小国之臣，指小诸侯国之君派到王朝来聘问天子的臣僚。③而况于公、侯、伯、子、男：而况，何况。公侯伯子男，惯指周之五爵位。④万国：万，很多、无数。国，诸侯国。⑤以事其先王：指各诸侯国前来王朝助祭天子之先王的宗庙。⑥治国者：治理国家的君主，即诸侯。⑦侮：轻视，凌辱、怠慢。⑧而况于士民乎：士民，士人和庶民。此处士人指庶民中有知识者，非有职之士。⑨以事其先君：指百姓都主动恭敬地献物给诸侯以协助祭祀诸侯先君。⑩治家者：据唐玄宗注，指受禄养亲的卿大夫。⑪失：失礼，指所言所行不合礼仪，或不知其人心意。⑫妻子：妻子和儿子。⑬故得人之欢心：人，指全家自妻、子至奴、婢等人。⑭以事其亲：指奉养父母老人。⑮夫然：夫，发语词。然，如此、这样。指天子、诸侯、卿大夫各自能以孝道治理天下、治理列国、治理家族。⑯故生则亲安之：生，指父母健在。亲，父母。安，舒适安乐。⑰飨：通"享"。指鬼神享用祭品。⑱诗：此处指《诗经·大雅·抑》。据说，这是卫武公讽刺周厉王并用以自警的诗。⑲有觉德行：觉，大。德行，崇高的道德行为。意为天子果真有崇高的道德和孝义的行为。⑳四国顺之：顺，通"训"，化的意思。此四国指天下各地。

【译文】孔子说："从前圣明的君王以孝道治理天下，对于小国派来的使臣，都不敢失礼轻视，何况对自己分封的公、侯、伯、子、男呢？所以能得到各国诸侯的欢心，纷纷来助祭天子的祖先。治理封地的诸侯，连卑微的鳏夫寡妇也不敢欺侮，何况是知礼仪的百姓呢？因此能得到百姓的欢心，来恭敬助祭诸侯的祖先。治理家族的卿大夫，对臣仆婢妾都不敢失礼，更何况对其妻子、儿女呢？所以得到众人的欢心，使他们乐意侍奉卿大夫的父母。这样，才会让父母在世的时候，过着安乐的生活，死后成为鬼神，也能够安享子孙的祭祀。因此使天下祥和太平，灾害与祸乱都不会发生。所以圣明的君王以孝道治理天下，就会有这样的效果。《诗经》上说：'天子有伟大的德行，四方的国家都来归顺他。'"

圣治章第九

【题解】这一章是《孝治章》意思的延伸，说明圣人如何用德行教化百姓，治理天下。

曾子曰："敢问圣人之德①，无以加于孝乎②？"子曰："天地之性，人为贵。人之行，莫大于孝。孝莫大于严父③，严父莫大于配天④，则周公其人也。昔者，周公郊祀后稷以配天，宗祀文王于明堂以配上帝。是以四海之内，各以其职来祭⑤。夫圣人之德，又何以加于孝乎？圣人因严以教敬，因亲以教爱。圣人之教不肃而成⑥，其政不严而治。其所因者本也⑦。父子之道，天性也，君臣之义也。父母生之，续莫大焉⑧；君亲临之，厚莫重焉⑨。故不爱其亲而爱他人者，谓之悖德⑩；不敬其亲而敬他人者，谓之悖礼⑪。以顺则逆⑫，民无则焉。不在于善，而皆在于凶德⑬，虽得之，君子所不贵⑭。君子则不然，言思可道，行思可乐，德义可尊，作事可法，容止可观，进退可度，以临其民⑮。是以其民畏而爱之，则而象之⑯，故能成其德教，而行其政令。《诗》^⑰云：'淑人君子，其仪不忒^⑱'。"

【注释】①敢：谦词，有冒昧、大胆的意思。此句为曾参对其师孔子提问，故以敢问来表示其敬意。②无以加于孝乎：有比孝道更重要的吗？加，更、高于、大于、在其上。这句问话的目的，是引出孔子的孝道为最高道德的论说。③孝莫大于严父：孝行没有比尊崇父亲更重要的了。严，尊、尊崇、尊敬。严父，尊崇尊敬父亲。④严父莫大于配天：尊崇父亲没有比以父亲拟比于上天和父亲亡后以其配享于上天更重要的了。配，有匹配和配享二义。匹配，等同、比拟。配享，是在主要祭祀对象之外附带祭祀的对象。周代礼制，每年冬至在郊外祭祀上天，同时祭祀父祖先王，这就是配天之礼。古人认为天是最伟大的，父亲是最值得尊崇的，父亲在世时孝子将其视为自己的天，父亲死后孝子以其配享上天，是孝子对父亲最大的尊崇。⑤四海之内，各以其职来祭：天下诸侯各自按照其职位规定进贡物品，来协助天子祭祀。四海之内，指天下的诸侯。职，即职贡，四方向王朝的贡献。诸侯向王朝进贡的物品主要是用于祭天地祖宗的。⑥圣人之教不肃而成：圣人的教化，不必采用严厉的措施就能成功。圣人，指古代的圣明君王，此处指周公。肃，峻急、严厉。成，成功、取得成效。⑦其所因者本也：因，凭借。本，根本，此处指道德的根本——孝道。⑧续莫大焉：续，指续先传后，也就是人类的自身繁衍。焉，于之，在这件事上。莫大焉，没有比这更重大的事。⑨君亲临之，厚莫重焉：亲，亲自。临，以上对下。厚，深重、重要。⑩悖德：背、违背。悖德，违背公认的道德准则。⑪悖礼：违背礼义。⑫以顺则逆：是"以之顺民，民则逆"的省文。顺，使动用法。则，就。意为，以悖德悖礼的行事去教化民众，企图使民众顺从，就会造成逆乱。⑬不在于善，而皆在于凶德：在，居、处，在此处有亲身实行的意思。善，善行，即上文之爱敬亲人的孝行。凶德，昏乱无法，即违背道德。⑭虽得之，君子所不贵：得，得到、得意、得志。君子，泛指贤者。贵，重视、赞赏。不贵，鄙视、厌恶、看不起。全句意为，上边的这种如夏桀商纣的人即使一时得志，因为他是不符合道德规范的，所以君子也不会看得起他。⑮以临其民：临，在此为统治、管理。言君子实行以上六事，来统治和管理民众。⑯是以其民畏而爱之，则而象之：畏，敬畏，因其有威严不敢犯之。象，模仿、效法，因其有仪象而模仿他。意为：因此民众敬畏他而又爱戴他，将他作为准则而仿效他。⑰诗：以下诗文，见《诗经·曹风·鸤鸠》。此诗主旨，历来有两种相反意见。《毛诗序》云："《鸤鸠》，刺不一也。在位无君子，用心之不一也。"朱熹《诗集传》则云："诗人美君子之用心平均专一。"后世多取朱说。⑱淑人君子，其仪不忒：淑，美好、善良。淑人，有德行的人。君子，指有道德、有才干的人。仪，仪表、仪容。忒，差错。凡是有德行的淑人和有见识的君子，他的仪容礼貌都不会有差错。

【译文】曾子又说："学生很冒昧地向老师请教，圣人的德行，就没有比孝道更大的吗？"孔子说："天地所生的万物，最尊贵的是人。人的德行，没有比孝道更大的了。孝道之中，没有比把父亲推到最尊严的地位更大的了。要把父亲推到最尊严的地位，没有比请父亲的神明来配同上天享受祭祀更大的了，而周公就是这样的人。昔日，周公在郊外祭祀其先祖后稷，以他配同上天；在明堂宗庙祭祀文王，以他配同上帝。所以，天下的诸侯都带贡品前来助祭。因此说圣人的德行，哪有比孝道更大的呢？"

"圣人根据人们对父母的敬畏之心，教导人们懂得礼敬；根据人们对父母的亲近之心，教导人们懂得仁爱。所以圣人的教化，不须用严肃的方式就能成功，其政令不须用严厉的手段推行就能使天下太平。这是由于圣人所依据的是孝道这个根本。父子之间的慈孝之道是天性，它表现在君臣之间就是大义。父母生子，继承宗嗣之事，让孝道得以相续，没有比这种人伦关系更重大的了！父亲既有君的尊严，又有父的慈爱，让儿女的孝心得以培养，没有比这种恩义更厚重的了！所以，不爱自己的父母，而去爱别人，那就叫违背道德；不尊敬自己的父母，而去尊敬他人，那就叫违背礼义。君主应当顺乎天性，敬爱父母，如果违逆天性，不孝父母，老百姓就会无以仿效啊！君主不能尽孝，违背道德礼法，国家必会招致灾难，即使这样能得崇高的权位，君子也不以为贵了。作为君子，绝不做违背道德礼法之事。君子说话前，必会考虑其言语是否可说；行动前，必会考虑其行为是否能让大众悦服；建立品德，做事合乎正义，可以值得尊敬；所作所为，可以值得效法；仪容举止，遵守礼法，可以值得观摩；一举一动，合乎法度，可以值得赞叹。君子以这些威仪对待百姓，百姓就会敬畏他而且爱戴他，以他作为学习的榜样。因此，君子能实现道德教化，从而畅行其政策命令。《诗经·曹风·鸤鸠》说：'一个善人君子，他的德行威仪，没有任何欠缺。'"

纪孝行章第十

【题解】这一章是记录孝子事亲的行为。

子曰："孝子之事亲，居①则致②其敬，养③则致其乐，病则致其忧，丧则致其哀，祭则致其严。五者备矣，然后能事亲。事亲者，居上不骄，为下不乱，在丑④不争。居上而骄则亡，为下而乱则刑，在丑而争则兵⑤。三者不除，虽日用三牲之养⑥，犹为不孝也。"

【注释】①居：平常家居。②致：尽。③养：赡养，奉养。④丑：众。⑤兵：兵器，在此指用兵器相杀戮。⑥日用三牲之养：日，每天。三牲，指猪、牛、羊。古人宴会或祭祀时用三牲，称为太牢，是最高等级的供奉。日用三牲之养，言给父母每天吃的供给极为丰厚。

【译文】孔子说："孝子侍奉父母亲，日常居家时，处处都应对父母恭敬；奉养父母时，应让父母欢心；父母生病时，应忧虑父母的病情；父母去世时，应尽到哀伤；祭祀父母时，应庄严敬肃。以上五点都能完备，才真正做到侍奉双亲。侍奉双亲的孝子，处在上位要谦虚而不骄傲, 处在下位要恭敬谨慎而不作乱, 与大众相处要和顺而不竞争。身居上位如果骄傲, 就会灭亡; 身居下位如果作乱, 就会受到惩罚; 跟大众相处如果斗争, 就会互相杀害。为人子女, 如果以上三者不能去除, 即使每天用牛、羊、猪肉来供养父母, 还是不孝。"

五刑章第十一

【题解】这一章是说明不孝是最大的罪恶，并指出引致社会大乱的三个根源。

子曰："五刑之属三千①，而罪莫大于不孝②。要君者无上③，非圣人者无法④，非孝者无亲⑤。此大乱之道也⑥。"

【注释】①五刑之属三千：五刑，墨、劓、剕、宫、大辟。处以五刑的罪行共有三千条。②罪莫大于不孝：所有应处以五刑的三千条罪行中，没有比不孝更重的罪行了。即不孝为罪恶之极。此句言不孝之罪，不在三千条罪行之中。③要君者无上：要，强求、要挟、胁迫，有所依仗而强硬要求。者，指代人。无上，藐视君上，即目无君长，反对或凌辱君长。④非圣人者无法：非，责难、诽谤、诋毁。圣人，具有最高道德标准的人。非圣，就是对周公、孔子等所谓圣人的言论、著述进行诽谤或不恭敬对待。⑤非孝者无亲：非，非议，不赞成。非孝，诽谤他人的孝行。⑥此大乱之道也：大乱，最严重的祸患悖乱。道，根源，意为导致大乱。

【译文】孔子说："古代的刑法有五大类，所归属的犯罪之条列，有三千种之多，其中没有比不孝的罪行更大的。要胁君主的人，是心目中没有君主的存在；反对圣人的人，是心中没有礼法的存在；反对孝道的人，是心目中没有父母的存在。这三种恶行，都是造成天下大乱的根源。"

广要道章第十二

【题解】这一章详细说明"要道"的意义。

子曰："教民亲爱，莫善于孝；教民礼顺，莫善于悌；移风易俗，莫善于乐；安上治民^①，莫善于礼。礼者，敬而已矣。故敬其父则子悦，敬其兄则弟悦，敬其君则臣悦，敬一人而千万人悦。所敬者寡，悦者众。此之谓要道也。"

【注释】①安上治民：安，安定、安心。上，国君。安上，使国君安心。社会太平，国君就能安心。治民，使民众得到治理。

【译文】孔子说："教导百姓相亲相爱、爱戴君主，没有比君主自己行孝道更好的办法了。教导百姓遵循礼节、顺从长上，没有比君主自己行悌道更好的办法了。改善社会风俗，没有比用德音雅乐去调和性情更好的办法了。使在上位者身心安定，百姓得到治理，没有比君主自己遵循礼法更好的办法了。礼的根本，就是一个'敬'字。因此，尊敬别人的父亲，为人子女的就会喜悦；尊敬别人的兄长，为人弟弟的就会喜悦；尊敬别人的君主，为人臣子的就会喜悦。尊

'敬'一个人，就会让千千万万的人都感到喜悦。他所尊敬的人虽然很少，而感到喜悦的却是许许多多的人。这就是所谓的切要之道啊！"

广至德章第十三

【题解】这一章是说明"至德"的意义。

子曰:"君子之教以孝^①,非家至而日见之也^②。教以孝,所以敬天下之为人父者也^③。教以悌,所以敬天下之为人兄者也。教以臣^④,所以敬天下之为人君者也。《诗》^⑤云:'恺悌^⑥君子,民之父母。'非至德,其孰能顺民如此其大者乎^⑦?"

【注释】①君子之教以孝:君子,由下文看,此处君子指天子。教以孝,以孝行教,指用孝道去教化民众。②非家至而日见之也:非,不是。家至,到家,即一家一户都亲自拜访。日见之,每天都见他,即每天都当面指教为人子者如何行孝。③教以孝,所以敬天下之为人父者也:所以,表示原因。教育天下人尊敬为人父者的方法,除了前章说,天子要尊敬自己的父母以作出表率外,另一种方法就是敬老。古代设三老五更之位,天子以父兄之礼养之。《汉书·高帝纪》:"举民年五十以上,有修行,能帅众为善,置以为三老,乡一人。择乡三老一人为县三老,与县令丞尉以事相教。"五更,古代乡官名。用以安置年老致仕的官员。《魏书·尉元传》:"卿以七十之龄,可充五更之选。"④教以臣：臣，此处指作为臣下的品德和行为要求，即忠诚与敬仰。教以臣，指天子以如何作臣的道理教化臣下，其具体方法是在祭天和祭祖时作出为臣的榜样。⑤诗：下引诗句，见《诗经·大雅·泂酌》。据说，此诗是西周时召康公为了戒勉周康王所作。⑥恺悌：和善安详、平易近人的样子。⑦其孰能顺民如此其大者乎：孰，谁、何。顺民，适合民心、顺应民意，指顺应万民都有的孝敬父母的本心。

【译文】孔子说："君子教孝道，不用每天挨家挨户上门去教。对自己的父母尽到孝道，就是教天下为人子的尊敬他的父母；对自己的兄长尽到悌道，就是教天下为人弟的尊敬他的兄长；对自己的臣子教以做臣子之道，就是教天下为人臣子的尊敬他的君主。《诗经·大雅·泂酌》中说：'温和而又平易近人的君子，就如天下人的父母。'若没有至高之德，有谁能顺乎百姓到如此广大的程度呢？"

广扬名章第十四

【题解】这一章是详细说明"扬名"的意思。最高的孝道，就是立身行道，成圣成贤，扬名于后世，显耀父母，这是孝的终极。

子曰："君子之事亲孝，故忠可移于君；事兄悌，故顺可移于长；居家理①，故治可移于官。是以行成于内②，而名立于后世③矣。"

【注释】①居家理：理，正、治理。居家理，指处理家事有条有理、家务管理得好。儒家治学目标是修身、齐家、治国、平天下，其中，齐家是极为重要的一个环节，所谓家齐国自治。②是以行成于内：行，行为，指事亲孝、事兄悌和居家理的活动。成，成效、成功。内，指家庭之内。意为君子在家庭中养成美好的品德，其道德的作用得到发挥、取得成绩。③名立于后世：名，名誉、美好的名声。立，建立、树立。

【译文】孔子说："君子侍奉父母能尽孝道，所以可把它移用到对君主的尽忠上；侍奉兄长能尽悌道，所以可把它移用到对长上的顺从上；在家做事有条有理，所以可把它移用到对政务的处理上。因此，君子在家中把这三种德行的根基养成，将来才能建功立业，而他的美好名声自然就会传于后世了。"

谏诤章第十五

【题解】这一章是说明为人子、为人臣看到自己的父母、领导有过失,有劝谏的义务,需要帮助他们改过。

曾子曰:"若夫①慈爱、恭敬、安亲、扬名,则闻命②矣。敢问子从父之令,可谓孝乎?"子曰:"是何言与③!是何言与!昔者,天子有争臣④七人,虽无道,不失其天下;诸侯有争臣五人,虽无道,不失其国;大夫有争臣三人,虽无道,不失其家⑤;士有争友,则身不离于令⑥名;父有争子,则身不陷于不义。故当不义则争之。从父之令,又焉得为孝乎?"

【注释】①若夫:句首语气词,用以引起下文。②闻命:闻,听到。命,命令、指教。闻命,听过(先生的)教诲。因曾参为孔子弟子,故用此谦词表示听过老师的讲解。③是何言与:是,指示代词,指"子从父之令可谓孝"这种说法。何言与,什么话,表示否定的答语。以下重复一句"是何言与",是更加强了否定的意思。意为:这是什么话?这是什么话?④争臣:敢于直言诤谏的臣子。⑤家:卿大夫的家族。⑥令:善,美好。

【译文】曾子说："关于慈爱、恭敬、安亲、扬名的道理，学生已经听您讲过了，请问为人子的一切都听从父亲的命令，这可以说是孝吗？"孔子说："这是什么话！这是什么话！在古时候，天子有七位直言谏诤之臣，即便天子无道，还不会失掉其天下；诸侯有五位直言谏诤之臣，即便诸侯无道，还不会失掉其国；卿大夫有三位直言谏诤之家臣，即便大夫无道，还不会失掉其家；士人若有直言规劝的朋友，则自己不会失掉美好的名声；如果父母有能够坚持真理、劝谏父母改过的儿女，父母就不会做出不道义的行为。假如父母有不义的行为，儿女不能够不劝谏。如果一味顺从，这是陷父母于不义。如果父母、领导、朋友有不道义的行为、不正确的观念，我们就要劝谏。一味盲从父母的号令，怎么能够称为孝呢？"

感应章第十六

【题解】这一章讲述孝悌可以跟天地鬼神感通。行孝之人，孝心达到至诚，就能够跟天地、祖先、神明有所感应，所谓以至诚之心而感，就有天地鬼神来应，这是这一章所说的道理。

子曰："昔者明王①事父孝，故事天明；事母孝，故事地察；长幼顺，故上下治。天地明察，神明彰矣。故虽天子，必有尊也，言有父也；必有先也，言有兄也。宗庙致敬，不忘亲也；修身慎行，恐辱先也；宗庙致敬，鬼神著矣。孝悌之至，通于神明，光于四海，无所不通。《诗》②云：'自西自东，自南自北，无思不服③。'"

【注释】①明王：圣明睿智的帝王。明，明察、了解得非常清楚。此处有上对下、下对上都明察的意思。②诗：下引诗句见《诗经·大雅·文王有声》。此诗是赞颂周文王的文德，并歌颂武王能够继承文王极好的声誉，完成其志愿。③无思不服：思，助词，用于句首或句中。服，归附、服从。

【译文】孔子说："古时候圣明之君，侍奉父亲能尽孝道，所以侍奉上天就能开发自己本性里的光明；侍奉母亲能尽孝道，所以对于万事万物观察得清清楚楚；侍奉诸父、诸兄能尽长幼之道，所以上上下下都安定太平。他以孝道侍奉天地，效法天地之德，得到天地的明察，祖宗的神明就来感应，接受他的祭祀。所以，即使贵为天子，也必有他所尊敬的，那就是他的父亲；也必有比他更年长的，那就是他的兄长。祭祀要竭诚恭敬，不敢忘怀列祖列宗；谨慎自己的起心动念，一言一行，唯恐侮辱了自己的祖先；在祭祀宗庙之时，必须至诚恭敬，才能感应祖先来享受他的祭祀。他真正把孝悌之道做到圆满，便能贯通神明，自己本性的光明就会普照四海，没有不通达之处。《诗经·大雅·文王有声》说："天下东西南北各地，没有一个地方不服从孝悌之道的教化。"

事君章第十七

【题解】这一段是说明如何事君，即如何对长上、领导尽忠。所谓移孝作忠，把孝心推移到对国家、人民，就是尽忠。

子曰："君子之事上也①，进思尽忠②，退思补过③，将顺其美④，匡救其恶⑤。故上下能相亲也⑥。诗⑦云：'心乎爱矣，遐⑧不谓矣。中心藏之，何日忘之？'"

【注释】①君子之事上也：君子，指有德行者。事，侍奉。上，此处指君主。②进思尽忠：进，指在朝廷为官。思，考虑。尽忠，竭尽对国家的忠诚。③退思补过：退，退职闲居家中。补过，弥补国君与国家大事中的不当之处。④将顺其美：将，奉行、秉承。顺，顺从。有使动的意思，不仅自己顺从，还要使天下人顺从。美，善。⑤匡救其恶：匡，纠正、扶正。救，补救、弥补、制止。⑥故上下能相亲也：上，国君。下，臣僚。⑦诗：下文引自《诗经·小雅·鱼藻之什》。⑧遐：远。

【译文】孔子说："君子奉事明君，在上朝进见君主时，要想着如何尽忠；从朝廷退居在家时，又想着如何来纠正补救君主的过失。对君主的美德善政，要顺从实行；对君主的过失，要扶正过来，让他的恶不要再继续。所以，在上位的君主和在下位的臣子，都能够相互亲爱了。《诗经·小雅·鱼藻之什》中说：'臣子忠爱君主之心，虽然不在国君左右，也不觉得遥远，因为效忠君主的志向，一刻也没有忘怀。'"

丧亲章第十八

【题解】这一章主要是强调孝子在丧亲时应遵循的礼法。为人子女,"生事爱敬,死事哀戚",这是就是孝道,也是整部《孝经》的结论。

子曰:"孝子之丧亲也,哭不偯①,礼无容,言不文,服美不安,闻乐不乐,食旨不甘②,此哀戚之情也。三日而食,教民无以死伤生。毁不灭性,此圣人之政也。丧不过三年,示民有终也。为之棺椁③衣衾而举之,陈其簠簋④而哀戚之;擗踊哭泣⑤,哀以送之;卜其宅兆,而安措之;为之宗庙,以鬼享之;春秋祭祀,以时思之。生事爱敬,死事哀感,生民之本尽矣,死生之义备矣,孝子之事亲终矣。"

【注释】①哭不偯:偯,哭的余声曲折委婉。②食旨不甘:旨,美味的食品。③棺椁:即棺材和套棺(古代套于棺外的大棺),泛指棺材。④簠簋:簠与簋。两种盛黍稷稻粱之礼器。⑤擗踊哭泣:擗踊,亦作"辟踊"。擗,用手拍胸。踊,以脚顿地。形容极度悲哀。

【译文】孔子说："孝子丧失了父母亲，要哭得声嘶力竭，发不出悠长的哭腔；举止行为失去了平时的端正礼仪，言语没有了条理文采，穿上华美的衣服就心中不安，听到美妙的音乐也不快乐，吃美味的食物不觉得好吃，这是做子女的因失去亲人而悲伤忧愁的表现。父母之丧，三天之后就要吃东西，这是教导人民不要因失去亲人的悲哀而损伤生者的身体，不要因过度的哀毁而灭绝人生的天性，这是圣贤君子的为政之道。为亲人守丧不超过三年，是告诉人们居丧是有其终止期限的。办丧事的时候，要为去世的父母准备好棺材、外棺、穿戴的衣饰和铺盖的被子等，妥善地安置进棺内，陈列摆设上、簋类祭奠器具，以寄托生者的哀痛和悲伤。出殡的时候，捶胸顿足，嚎啕大哭地哀痛出送。占卜墓穴吉地以安葬。兴建起祭祀用的庙宇，使亡灵有所归依并享受生者的祭祀。在春秋两季举行祭祀，以表示生者无时不思念亡故的亲人。在父母亲在世时以爱和敬来奉事他们，在他们去世后，则怀着悲哀之情料理丧事，如此尽到了人生在世应尽的本分和义务。养生送死的大义都做到了，才算是完成了作为孝子侍奉亲人的义务。"

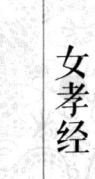

女孝经

书《女孝经》

【题解】此五段是后代人为《女孝经》写的序言,讲述孝道贯穿百行,无论对男子还是女子都非常重要,而女子学习孝道尤其不可小视,因为它关系着一生的得失荣辱。介绍了《女孝经》的结构,先开宗明义,后阐明不同身份女子尽孝的重点,再按人际关系和事例,分类说明为人妇行孝道的具体做法。

大哉,孝之为德也。分浑元①而立体②,经义贯于两仪③;资品汇④以顺名,道德苞乎万象。盖有生则有伦⑤,伦莫巨于二人。有伦则有孝,孝实贯乎百行。孝之所为大也。然若可望⑥于君子,未可望于匹妇。讵⑦知妇质阴而配阳,处房帷⑧而相⑨夫子。匪僮僮⑩,何以助奠⑪;匪怡怡,何以承欢⑫。暌乖⑬则家人离,溺僻⑭则群小愠⑮。女子之孝所为大也。

【注释】①浑元:天地之气,或称天地。②立体:确立体裁、体制。③两仪:指天地。④资:凭借,依靠。品汇:事物的品种类别。⑤伦:专指人与人之间的道德关系。⑥可望：可盼望；有希望。⑦讵〔jù〕：副词，表示反诘。相当于"岂""难道"。⑧房帷：泛指内室、闺房。⑨相〔xiàng〕：辅助；佑助。⑩僮僮〔tóng〕：也作童童，盛大的样子。一说端直的样子。⑪奠：置祭品祭祀鬼神或亡灵。⑫承欢：迎合人意，博取欢心。多指侍奉父母、君王等。⑬暌〔kuí〕：违背，分离。乖：不顺，不和谐。⑭溺：沉迷不悟，过分，无节制。僻：性情古怪，不合群。⑮愠〔yùn〕：含怒；怨恨。

【译文】孝作为一种品德是非常伟大的。自开天辟地以来就建立了孝的体制，孝的义理贯通天地；根据事物的不同分类各顺其位，孝道的规范包罗万象。有生命就有伦常关系，伦常就是两个人之间的关系。有伦常关系就有孝道，孝的确贯穿于各种品行之中。孝的作用是很大的。如果才德出众的君子可以践行孝道，而不能指望平民妇女履行孝道。岂知妇女本性阴柔与男子的阳刚相配，身居闺房却担负辅助丈夫教育孩子的重任。如果不明白厅堂礼仪怎么可以帮助祭祀祖先；如果没有柔和顺从的性格怎么能侍奉公婆。违逆长辈、与平辈不和则被家人疏远，任性怪僻则众人怨恨。女子行孝道的作用也很大啊！

顾一本同气①，男之孝萌自孩提；异姓殊族，女之孝犹俟推类②。夫家云内，性非天然。蘋藻有齐③，寒焕温色，匪石匪席④，宜室宜家⑤。淑媛寡能，愚妇鲜喻。女子之孝，所为难也。但世有克孝者，或母仪于率土⑥，或章顺于阃阈⑦，或终誉于夙夜⑧，或善则于不朽，或动天地而迓休征⑨，或感神明而昭景福。无论徽音，即言叔季。代粒以乳⑩，冒刃全生⑪。提瓮不以贵宠骄盈⑫，断鼻不以存亡改易⑬。以昌祚裔⑭，以延年龄，以察神明，以孚鱼鸟。班班⑮史册，不可枚数。否则匮神斩祚，败类玷躬。此又女子之孝得失之林也。夫道大不可以小视，事难不可以易举。法其所以得，戒其所以失，曷以哉。

【注释】①顾：发语词。一本：完全根据。同气：有血缘关系的亲属。②俟：等待。推类：类推，比类而推究。③蘋藻：蘋与藻，皆水草名。古人采作祭祀之用。借指妇女的美德。齐：相同，一样。④匪石：非石，不像石头那样可以转动。形容坚定不移。匪席：不像席子可以卷曲。比喻心志坚不可屈。⑤宜室：夫妇和睦。宜家：家庭和睦。⑥率土：境域之内。⑦阛阓〔huán huì〕：街市，街道，借指民间。⑧夙夜：朝夕，日夜。⑨迓〔yà〕：迎接。休征：吉祥的征兆。⑩代粒以乳：唐朝时，崔唐氏的婆婆年纪很大，牙齿脱落不能吃固体食物，崔唐氏每天将自己的奶喂给婆婆吃。⑪冒刃全生：唐朝时，郑义宗家被强盗打劫，他的妻子卢氏冒死保护婆婆，自己几乎被强盗打死。⑫提瓮〔wèng〕不以贵宠骄盈：汉朝时，鲍宣的妻子少君出身名门，嫁妆丰厚。嫁给贫寒的读书人鲍宣后，立即换下平民衣服，每日提水做饭，服侍婆婆。⑬断鼻不以存亡改易：三国时期，夏侯令女嫁给曹文叔后，夫君早亡，父亲劝她改嫁，她用刀割下自己的鼻子，坚决守寡不再嫁。⑭祚〔zuò〕：赐福，佑助。裔〔yì〕：后代。⑮班班：络绎不绝，盛多的样子。

【译文】男子由于是在自家长大，与家人同气连枝，男子的孝道从孩提时候就培养了；女子是嫁到异姓的不同家族去，女子的孝道还要从对自家长辈的孝顺，类推到对夫家长辈的孝顺。虽然嫁到夫家后就是夫家的人了，但孝心并非天然形成。女子的妇德有相同的标准，受到冷遇依然保持温和容颜，坚守节操忠贞不渝，夫妇和睦家室和谐。但贤淑的女子不能八面玲珑，愚笨的妇人很少深明大义，因此女子想达到孝道的要求是挺难的。但世间还是有可以力行孝道的女子，她们有的母仪天下，有的孝行流传于街头巷尾，有的日夜被人交口称赞，有的以善行流芳百世，有的感动天地降下吉祥，有的感召神明赐予洪福。不管因何德行而受赞誉，都是不相上下的。崔唐氏用自己的乳汁喂养年迈无牙的婆婆；卢氏冒死保护婆婆不被强盗伤害；鲍宣妻以富贵门庭嫁到贫寒人家，能不厌习劳奉侍婆婆；夏侯令女断鼻守寡，不因夫君亡故而改嫁。她们的德行给后代积福，延年益寿，上达神明，下感鱼鸟，史书中的记载很多，不胜枚举。如果不能安守妇德，就会怠慢神灵，消减福报，败坏家风，玷污名节。这又说明女子的孝道关系一生的成败得失。这么重要的道理不能小看，这样难以圆满的孝行不能轻慢行事。要学习前人的成功之处，对失误引以为戒，不是这样吗？

载籍言孝，无虑百端①。《孝经》一书，实为简要，章仅十八，义彻重元。盖宣尼②之遗言，孝子之龟鉴③也。有唐郑氏，有慨于中，谓闺门章缺，女孝未详。虽道无二致，而天地则悬，教本同归，而阴阳殊别。于是效其章句，作《女孝经》。纲举目张④，一准⑤先圣，立言垂训⑥，专属房帏。若以班氏为女中之尼父，诸女为女中之曾参。

【注释】①无虑：大约；总共。百端：多种多样。②宣尼：汉平帝元始元年追谥孔子为褒成宣尼公，后因称孔子为宣尼。③龟鉴：比喻可供人对照学习的榜样或引以为戒的教训。鉴，镜子。④纲举目张：谓撒网时，举起网上的大绳，所有网眼都张开。比喻抓住主要环节，以带动其余；或抓住要领，条理分明。⑤一准：完全按照或遵循。⑥立言：立论，提出某种见解或主张。垂训：垂示教训。

【译文】讲孝道的典籍有很多，《孝经》这本书实在是简明扼要，仅有十八章，却义理透彻注重根本。这本书是孔夫子留下的言论，孝子们遵循的教训。唐朝郑氏，内心感慨，认为《孝经》中没有讲闺门的篇章，对女子的孝行未详细讲述。虽然道理没有差别，但男女如同天地一样有别，教育的目的是一样的，但对男女的要求是有差别的。于是效仿它的章句，著这本《女孝经》，提纲挈领，条理分明，完全遵循先圣的见解主张、垂示教训，专门教导女子。并效仿着以班昭（曹大家）作为女众的孔夫子，以诸女作为《孝经》中曾参的角色。

首以开宗明义，谓一孝彻于三灵①，揭大端②也。次之后妃，知关雎之乐窈窕。次之夫人，知专直③之保宗庙。次之邦君妻，知礼法之守祭祀。次之庶人妻，知蚕织之为义利。示大概也。曰事舅姑，爱敬推自父母，妇职也。曰三才④，承干犹之一天，妻道也。曰孝治，雍⑤睦洽于上下，广仁也。曰贤明，闻见比于媵妾⑥，廓⑦智也。曰纪德行，则备五而除三，而天夫之义益彰。曰五刑，则禁妒而寡欲，而逮众之惠益溥⑧。曰广要道、曰守信、曰广扬名，则异接而咸宜，居贞而守一，行成而誉著。谏净，匡恶也。胎教，善鞠⑨也。母仪，式榖⑩也。终之举恶，昭大戒也。

【注释】①三灵：指天神、地祇、人鬼。②大端：本原。③专直：专心一意。④三才：天、地、人。⑤雍：和谐，欢悦的样子。⑥媵妾：姬妾，此指楚庄王夫人樊姬。⑦廓：广大；空阔。⑧溥：广大。⑨鞠：养育，抚养。⑩式穀：以善道教子，使之为善。

【译文】首先是开宗明义章，说明一个孝字通达天地人三灵，揭示孝的本原；其次是后妃章，解释《关雎》中喜爱窈窕淑女的含义；再次是夫人章，明白要专心一意守护宗庙；然后是邦君妻章，明白要遵守礼法以传承祭神供祖的仪式；再后是庶人妻章，通过蚕织劳作明白道义和利益；这些是概恬性的内容。接下来，事舅姑章，讲对公婆的爱敬是从对父母的爱敬推广而来，是妇女的天职；三才章，把丈夫当成自己的天去辅助他，是为妻之道；孝治章，欢悦和睦使全家上下相处融洽，是广大的仁德；贤明章，要有楚庄王夫人樊姬那样的见识，是大智慧；纪德行章，事亲要做好的五件事和要去除三种恶习，进一步表明丈夫如天的义理；五刑章，禁止嫉妒保持清心寡欲，对成就女德的帮助很大；广要道章、守信章、广扬名章，分别讲女子如何恰当地待人接物、要贞洁守一、德行养成才会美誉广传；谏诤章，讲要规谏夫君，纠正他的过失；胎教章，讲要用心养育后代；母仪章，讲以善道教子，使之为善；最后是举恶章，举例说明重大的禁忌行为。

或引经以终义，或援古以证说。虽言歉于雅驯①，而意切于惩劝②。即大家之口吻，谆谆③著明；若孔曾之论难，循循有序。表上皇唐，诏颁寰宇，有裨风化④，世所其珍。惜方策之鲁鱼⑤，期剞劂之灿烂⑥。楷书图像，披阅宛然⑦，言同面命，人似起原。如樊如班如姜，师氏在侧；若妹若妲若褒，荼毒在旁。虽宋高之御笔⑧，马远之绘章，何以加兹。则见女子之孝，图难如易，举大如细。孝道得而妇顺明章，妇顺明而男教益显。诚补先圣之未逮⑨，端闺范⑩于无穷者也。如曰不然，请问来哲⑪。

【注释】①歉：少，不足。雅驯：典雅纯正；文雅不俗。②切：深，深切。惩劝：惩罚邪恶，劝勉向善。③谆谆：反复告诫、再三丁宁的样子。④裨〔bì〕：补益。风化：风教，风气。⑤方策：亦作方册。简册，典籍，后亦指史册。鲁鱼："鲁""鱼"两字相混。指抄写刊印中的文字讹误。⑥剞劂〔jī jué〕：指雕辞琢句。灿烂：形容文辞华美。⑦披阅：展卷阅读，翻看。宛然：真切、清晰的样子。⑧有传世画卷《宋人画女孝经图》现收藏在台北故宫博物院，本卷楷书标名为宋高宗所写，马和之作画。⑨未逮：不及；没有达到。⑩闺范：指妇女应遵守的道德规范。⑪请问：敬辞，用于请求对方解答问题。来哲：后世智慧卓越的人。

【译文】本书有的引经据典说明义理，有的援引史实例证说明。虽然语言不够典雅纯正，但意在真诚恳切地止恶劝善。以曹大家（班昭）的口吻，反复告诫说明，就像孔子和曾子讨论疑难问题一样，循循善诱而井然有序。上表启奏皇帝，下诏颁布天下，有益于改善社会风气，是世间的珍品。典籍文字不免错讹，期待有人能雕琢辞句使文彩更加华美。用楷书抄写并绘制插图，使人展卷阅读真切清晰，像当面教诲一样，好似时光倒流回到从前。就如樊姬、班姬、姜后，这些老师在身边，好像妹喜、妲己、褒姒这些流毒在旁侧。即使是宋高宗的御笔，马远的绘画彩章，都无以复加。由此可见女子的孝道，如同谋划难事要从容易之时做起，成就大业要从细微之处着手。明了孝道妇女就会和顺明理，妇女和顺明理之后男子的教化就更加显明。所以，本书增补先圣没有提及的内容，端正妇女的道德规范。如有不对的地方，请后世有智慧的人指教。

进《女孝经》表

【题解】此表为作者将《女孝经》进献给皇帝御览的奏章，强调孝是"仁义礼智信"五常的本质，夫妇关系是五伦关系中最为重要的。撰写此书是为了教导侄女尽人妻本分，也可以作为女德教育的补充。

妾闻天地之性，贵刚柔焉；夫妇之道，重礼义焉。仁义礼智信者，是谓五常。五常之教，其来远矣。总而为主，实在孝乎！夫孝者，感鬼神，动天地，精神至贯，无所不达。盖以夫妇之道，人伦之始，考其得失，非细务也。《易》著乾坤，则阴阳之制有别；《礼》标羔雁^①，则伉俪之事实陈。妾每览先圣垂言，观前贤行事，未尝不抚躬^②三复，叹息久之。欲缅想余芳^③，遗踪可躅^④。妾侄女特蒙天恩，策为永王妃。以少长闺闱^⑤，未娴诗礼，至于经诰^⑥，触事面墙^⑦，夙夜忧惶，战惧交集。今戒以为妇之道，申以执巾^⑧之礼，并述经史正义，无复载乎浮词，总一十八章，各为篇目，名曰《女孝经》。上至皇后，下及庶人，不行孝而成名者，未之闻也。妾不敢自专，因以曹大家为主，虽不足藏诸岩石⑨，亦可以少补闺庭。辄不揆量⑩，敢兹闻达。轻触屏扆⑪，伏待罪戾。妾郑氏诚惶诚恐，死罪死罪⑫，谨言。

【注释】①羔雁：亦作"羔鴈"。古代用作征召、婚聘、晋谒的礼物。②抚躬：反躬自问。③缅想：遥想。余芳：余留的香气，比喻身后留传的德行。④躅〔zhú〕：踩踏，顿足。⑤闺闱〔guī wéi〕：内室，特指妇女居住的地方。⑥诰：〔gào〕告诫，劝勉。⑦面墙：比喻不学而识见浅薄。⑧执巾：同"执巾栉"，古时为人妻妾的谦辞。⑨藏诸岩石：同"藏诸名山"，比喻著作极有价值，能传之后世。⑩辄：立即，就。揆〔kuí〕量：审度。⑪屏扆〔yǐ〕：古代宫廷内设在户牖间的屏风，上画斧形图案。⑫死罪：旧时用于请罪、道歉的套语，表示有所冒犯。

【译文】我听说天地的本性，贵在阳刚而阴柔；夫妇相处之道，重在礼义。仁、义、礼、智、信，是所谓的"五常"，五常的教育，由来以久。总结其主要内容，本质是孝。孝能感动天地鬼神，贯通精气元神，无所不达。这是因为夫妇之道，是人伦关系的开始。推究夫妻关系的得失，可不是细微琐碎的小事。《周易》把乾坤两卦放在开篇的位置，说明男女不同、天地阴阳有别；《周礼》中讲羔雁作为馈赠的礼物，就把夫妻关系如实表达出来。我每次阅览先圣留传下来的经典，看前贤的所作所为，总是再三反躬自省，久久叹息。想缅怀古圣先贤的美好德行，追寻前辈的足迹。我的侄女特别受到皇上的恩典，被策封为永王妃。因为她从小生长在深闺内院，对诗书礼仪乃至经典训诫都不熟悉，遇到事情才知道自己见识浅薄，日夜忧愁惶恐，战战兢兢。现在告诫她做女人要尊崇的规矩，说明为人妻的礼节，并且叙述经典史书的正确含义，省去浮华的词藻，总共十八章，每章都有标题，起名为《女孝经》。上至尊贵的皇后，下到平民的妻子，不行孝道而留名于世的，从来没有听说过。我不敢一任己见，因此以曹大家为主讲人，本书虽然称不上传世经典，也可以作为家庭女教的补充。我就自不量力，斗胆向皇上呈报，打扰圣上，低头等待降罪。臣妾郑氏诚惶诚恐，多有冒犯，恭敬上表。

开宗明义章 第一

【题解】本章开篇讲明女子孝道的大义,要学习尧帝的两个女儿,既思尽妇道,又贤明多智,能助夫免难。女子尽孝要做到和柔贞顺、仁明孝慈、孝敬父母、友爱兄弟。

曹大家^①闲居,诸女侍坐。

大家曰:"昔者圣帝〔唐尧帝二女长曰娥皇,次曰女英,虞舜妃〕有孝道,降^②于妫汭〔水名,舜所居。南曰妫,北曰汭。〕卑让恭俭,思尽妇道,贤明多智,免人之难,汝闻之乎?"诸女退位而辞曰:"女子愚昧,未尝接大人余论^③,曷得以闻之?"大家曰:"夫学以聚之,问以辩之^④,多闻阙疑^⑤天下之事,惟欲多闻,而其疑者则阙之,可以为人之宗矣!〔宗,犹祖也。〕汝能听其言,行其事,吾为汝陈之。夫孝者,广天地,厚人伦,〔父子有亲,君臣有义,夫妇有别,长幼有序,朋友有信。此五者人之大伦也。〕动鬼神,感禽兽,〔飞曰禽,走曰兽。〕恭近于礼^⑥,三思后行,无施其劳,〔施,张大之意,劳谓有功。〕不伐其善^⑦,〔伐,恃功也。〕和柔贞顺,仁明孝慈,德行有成,可以无咎。〔咎,过也。〕《书》云:'孝乎!惟孝友于兄弟[8]。'〔《书·周书》君陈篇。〕此之谓也。"

【注释】①大家:读音"太姑",古代对女子的尊称。②降:帝王之女下嫁。妫,虞舜居妫汭,因以为氏。③余论:识见广博之论,宏论。④学以聚之,问以辩之:通过学习来积累知识,通过讨论来明辩事理。出自《周易·上经·乾传》。⑤多闻阙疑:多听,有疑问的地方先予以保留。出自《论语·为政》。⑥恭近于礼:恭敬、谨慎的态度符合于礼。出自《论语·学而》。⑦无施其劳,不伐其善:不表白自己的功劳,不夸耀自己的长处。出自《论语·公冶长》"愿无伐善,无施劳。"⑧孝乎,惟孝友于兄弟:孝就是孝顺父母友爱兄弟。最早取自《尚书》,《论语·为政》中也有:"《书》云:'孝乎!惟孝友于兄弟',施于有政,是亦为政,奚其为为政!"。

【译文】曹大家(班昭)避人独居,诸女子陪坐在旁。

曹大家说:"古时尧帝有两个女儿非常懂孝道(长女娥皇、次女女英,都成为舜帝的妃子),下嫁到舜居住的地方,她们谦卑礼让恭敬节俭,念念都想着恪守妇道,贤惠开明又有智慧,能帮舜脱离危难。你们听说过吗?"诸位女子起身回答说:"小女子愚昧无知、还未拥有您那样广博的学识。怎么有机会听到呢?"曹大家说:"通过学习来积累知识,通过讨论来明辩事理,多听少说,保留有疑问的地方,就可以做别人的榜样了。你们要能听圣贤教诲,并在生活中力行,我就给你们讲一讲。孝能推广到天地之间,深入到五伦关系之中,孝能感动鬼神,感化飞禽走兽。恭敬、谨慎的态度符合于礼,三思而后行,不表白自己的功劳,不夸耀自己的长处,宽和温柔专一婉顺,仁爱明察孝敬慈爱,品德行为有所成就,就可以没有大过错了。

《尚书·周书》中说：'孝啊！就是孝顺父母，友爱兄弟。'说的就是这个道理。"

后妃章 第二

【题解】此章讲述后妃的孝道,后妃应该为皇上进贤、为国事分忧,同时为天下的百姓做出女子行孝的典范。

大家曰:"关雎〔《周南·国风》诗之首篇,宫人作此以诵文王之妃者。〕麟趾①,后妃之德,忧在进贤,不淫其色,朝思夕念,至于忧勤②。而德教加于百姓,刑于四海③,〔刑,法也。〕蓋后妃之孝也。《诗》云:'鼓钟于宫,声闻于外④。'"

【注释】①麟趾:赞美贵族的子孙繁衍,后比喻子孙昌盛。出自《诗经·周南·麟之趾》。②忧勤:多指帝王或朝廷为国事而忧虑勤劳。③德教加于百姓,刑于四海:将德行教化施之于黎民百姓,使天下民众遵从效法。出自《孝经》。加:施及,加以。刑:效法。④鼓钟于宫,声闻于外:比喻后妃在后宫中生活做事,但她的美德却可传扬千里,教化一方百姓。出自《诗经·小雅·白华》。

【译文】曹大家说:"《关雎》(赞诵文王妃太姒的贤德)、《麟趾》(赞美贵族子孙繁衍)都是在歌颂后妃的德行。后妃担忧的是如何为皇上引进贤能，而不是过分地装扮自己的外表，日思夜想的是为皇帝和朝廷分忧。将德行教化施于黎民百姓，使天下人遵从效法，这就是后妃的孝道。《诗经》中说：'后妃在后宫中生活做事，但她的美德却可传扬千里，教化一方百姓。'"

夫人章 第三

【题解】此章讲诸侯夫人的孝道，地位尊贵却要节俭生活，没有私心，不贪功劳，勤学诗书礼乐，去除邪念保持诚敬，为天下人做表率。

居尊能约〔俭约也〕，守位无私，审其勤劳①，明其视听。诗书之府可以习之，礼乐之道可以行之。故无贤而名昌，是谓积殃；德小而位大，是谓婴②害。岂不诚③钦！静专动直，不失其仪，然后能和其子孙，保其宗庙④，蓋夫人之孝也。《易》曰："闲邪存其诚⑤，德博而化。"

【注释】①审：慎重。勤劳：指功劳。②婴：遭受，遇。③诚：戒备，警惕。④宗庙：古代帝王、诸侯祭祀祖宗的庙宇。⑤闲邪存其诚：指防止邪恶，保持诚敬笃实。闲：防止，限制。

【译文】处于尊贵的地位却能俭约，用无私来安守自己的地位，谨慎地对待自己的功劳，让所见所闻保持清明。诗书是道德教化的载体，可以去学习；礼乐之道，可以去践行。所以，没有贤德却拥有盛名，是在积攒祸患；德行低下却处在高位，就会遭受灾害。怎能不警戒呢？静的时候专心一致，动的时候正直果敢，不失自己的威仪，这样才能使子孙和睦，保全家族地位，这就是诸侯夫人的孝道。《周易》说："去除邪念并保持诚敬，德行深厚能教化天下。"

邦君妻章 第四

【题解】此章讲贵族妻子的孝道，服饰、语言、行为都要符合礼法，言行要做百姓的榜样，这样才能保全家族地位。

　　非礼教之法服①，不敢服；非诗书之法言②，不敢道；〔道，言也。〕非信义之德行，不敢行。欲人不闻，勿若③勿言；欲人不知，勿若勿为；欲人不传，勿若勿行。三者备矣，然后能守其祭祀，盖邦君妻之孝也。《诗》云："于以采蘩④，于沼于沚⑤。于以用之，公侯之事⑥。"〔《诗·召南·采蘩》〕

【注释】①法服：古代根据礼法规定的不同等级的服饰。②法言：合乎礼法的言论。③勿若：同"莫若"，不如。④于以：往哪儿，在何处。蘩〔fán〕：白蒿。古代常用来祭祀。⑤沼：沼泽。沚〔zhǐ〕：水中沙洲。⑥事：此指祭祀。

【译文】不是礼法规定的服饰，不敢穿；不合（《诗经》《尚书》中道理）的言语，不敢说；不是合乎信义的行为，不敢做。要想不被人听到，不如不说；要想不被人知道，不如不做；要想不让人传言，不如不行。这三点都做到了之后，就能守住祭祀的宗庙了，这是贵族妻子的孝道。《诗经》说："哪里可以采白蒿？那片池啊那片塘。哪里需要用白蒿？为了公侯要祭祀。"

庶人妻章 第五

【题解】此章讲述平民百姓妻子的孝道，要分清道义和利益，服侍公婆要先人后己，做好春秋祭祀和桑蚕纺织是妇人本分。

为妇之道，分义之利，先人后己，以事舅姑，纺绩①裳衣，社赋〔赋，与也，至若春日祭社之时，则各赋之以农桑之事。〕烝献〔冬祭曰烝，至若烝祭之时，又各献其谷粟多寡之功。〕，此庶人②妻之孝也。《诗》云："妇无公事，休其蚕织③。"

【注释】①纺绩：把丝麻等纤维纺成纱或线。古代纺指纺丝，绩指绩麻。②庶人：平民，百姓。③妇无公事，休其蚕织：指桑蚕纺织是妇人应尽的公事。出自《诗经·大雅·瞻卬》。

【译文】做女人的道理，就在于分清道义与利益。要以先想别人后想自己的态度来侍奉公婆，要做好纺线织布缝衣的家事。春天祭祀时做好种地养蚕的事，冬天祭祀时供上丰收的谷物。这是百姓妻子的孝道。《诗经》上说："桑蚕纺织是妇人应尽的公事。"

事舅姑章 第六

【题解】此章介绍如何服侍公婆，对待公公要像对父亲一样恭敬，对待婆婆要像对母亲一样爱戴，注重日常礼节，要恭敬守礼。

女子之事舅姑也，敬与父同〔如事父〕，爱与母同。守之者义也，执之者礼也。鸡初鸣，咸盥漱衣服以朝^①焉。冬温夏清^②，昏定晨省^③，敬以直内，义以方外^④，礼信立而后行。《诗》云："女子有行，远父母兄弟。"〔《诗·卫风·竹竿之篇》〕

【注释】①朝〔cháo〕：此处指晚辈问候长辈。②清〔qìng〕：凉。③昏定晨省〔xǐng〕：晚间服侍就寝，早上省视问安。旧时侍奉父母的日常礼节。④敬以直内，义以方外：内在的思想诚敬端正，外在行为以合宜得体。直：矫正。方：规范。出自《周易·坤卦·文言传》："君子敬以直内，义以方外。"

【译文】女子奉事公婆，恭敬公公要像恭敬自己的父亲一样，爱戴婆婆就如爱戴自己的母亲一样。坚守这样的妇道就是义，能把它落实在生活中就是礼。鸡刚叫就起床，里外都盥洗干净，衣服穿戴整齐去问候公婆。冬天让他们温暖，夏天让他们清凉；早上省视问安，夜晚服侍就寝。用诚敬心端正内在的思想，用仁义道德规范外在的行为，以礼仪和信义作为行为的标准。《诗经》上说："女子出嫁后，就远离了父母兄弟。"

三才章 第七

【题解】此章以代表"天、地、人"的三才为名,讲述为妻应效法天地运行规律,以夫为遵从的天,并通过敬爱、德义、谦让、礼乐帮助丈夫成就德行。

诸女曰:"甚^①哉!夫之大也。"大家曰:"夫者天也〔妇人之所天〕,可不务^②乎!古者女子,出嫁曰归〔《诗·桃夭篇》'之子于归'〕,移天事夫,其义远矣。天之经^③也,地之义也,人之行也,天地之性,而人是则^④之。则天之明,因地之利,防闲执礼^⑤,可以成家。然后先^⑥之以泛爱,君子不忘其孝慈;陈^⑦之以德义,君子兴行^⑧;先之以敬让,君子不争;导之以礼乐,君子和睦;示之以好恶,君子知禁^⑨。《诗》云:'既明且哲,以保其身^⑩。'"

【注释】①甚:很,非常。②务:从事,致力。③经:常规,原则,永恒不变的道理和规律。④则:效法,作为准则。⑤闲:防止,限制。执礼:守礼,彬彬有礼。⑥先:率先实行,带头去做。⑦陈:广布,陈说。⑧兴:倡导。行:

实行。⑨禁：禁止，不许做的事情。⑩既明且哲，以保其身：既能明晓善恶，又能辨知是非，这样就能保全自身的品德不受污染。出自《诗经·大雅·烝民》。

【译文】诸位女子说："丈夫是多么重要啊。"曹大家说："丈夫是女人赖以生存的天，能不用心操持吗？古代的女子，出嫁叫找到了最终归宿，嫁到夫家时，把自己遵从的天从父亲变成了夫君，这个意义很深远。犹如天道运行恒常不变，如大地滋养万物，这是人最根本的德行，天地不变的规则，是人所要效法的。效法天的恒常光明，依照大地的利益万物，去除邪念遵循礼法，就可以建立好家庭了。然后，妻子率先敬事爱人，丈夫就不会忘记他的孝敬慈爱；向他说明道德仁义，丈夫就会乐意去做；妻子率先谦恭礼让，丈夫就不会相互争斗；用礼乐来引导他，丈夫就会与人和睦相处；表现自己的爱憎好恶，丈夫就明白禁忌的事。《诗经》上说：'既能明晓善恶，又能辨明是非，这样就能保全自身的品德不受污染。'"

孝治章 第八

【题解】此章讲述为人妻以孝道作为处理家族关系的根本，对家族每个人都不能怠慢轻侮，这样才能得到长辈和丈夫的欢心，使得全家和睦。

大家曰："古者淑女之以孝治九族〔高祖，曾祖，祖，父，身，子，孙，曾孙，玄孙，为九族。〕也，不敢遗①卑幼之妾，而况于娣侄②乎？故得六亲之欢心，以事其舅姑。治家者，不敢侮于鸡犬，而况于小人乎？故得上下之欢心，以事其夫。理〔治也〕闺者，不敢失于左右，而况于君子乎？故得人之欢心，以事其亲。夫然③，故生则亲安之，祭则鬼享④之。是以九族和平，娄菲〔喻谗言〕不生，祸乱不作。故淑女之以孝治上下也如此。《诗》云：'不愆⑤不忘，率由旧章⑥。'"〔《诗·大雅·假乐》〕

【注释】①遗：遗留，漏掉。②娣侄：古时诸侯的女儿出嫁，从嫁共事一夫的妹妹和侄女称"娣侄"。③夫：发语词。然：如此，这样。④享：鬼神享用的祭品。⑤不愆：无过错，无过失。⑥率：遵循。旧章：先王之法。

【译文】曹大家说："古代的贤淑女子用孝道来管理九族关系（九族包括：高祖、曾祖、祖父、父亲、自身、儿子、孙子、曾孙、玄孙），连卑下幼小的侍妾都不敢怠慢，更何况与自己共事一夫的妹妹或侄女呢？因此得到家中六亲的欢心，并以此侍奉公婆。管理家事的妻子，连鸡狗都不敢轻侮，更何况是子女呢？所以才得到全家上下的欢心，并以此来侍奉丈夫。主掌女眷的妻子，连身边的人都不敢疏忽，更何况是丈夫呢？所以才得到众人的欢心，从而来侍奉亲族。这样，才会让长辈在世时过着安乐的生活，去世后安享子孙的祭祀。这就使得九族家人和平相处，谗言不会出现，祸乱不会发生。所以贤淑的女子用孝道来管理全家也是如此。《诗经》上说：'不犯过错不忘本，遵循旧制享太平。'"

贤明章 第九

【题解】此章举了楚庄王妃樊妃进贤的故事，樊妃以宽广的胸怀和善巧智慧的语言，帮助楚庄王称霸诸侯。讲述女子可以同时具备贤能和智慧。

诸女曰："敢问妇人之德，无以加①于智乎？"大家曰："人肖②天地，负阴而抱阳③，有聪明贤哲之性，习之无不利，而况于用心乎？昔楚庄王晏朝〔退朝而晚〕，樊女〔楚王夫人樊姬也〕进曰：'何罢朝之晚也，得无④倦乎？'王曰：'今与贤者言乐，不觉日之晚也。'樊女曰：'敢问贤者谁欤？'王曰：'虞丘子〔楚相〕。'樊女掩口而笑。王怪〔惊异也〕问之。对曰：'虞丘子贤则贤矣，然未忠也。妾幸得充后宫，尚汤沐⑤〔如尚衣尚食之尚〕，执巾栉，备扫除〔自谦之称〕，十有一年矣。妾乃进九女，今贤于妾者二人，与妾同列⑥者七人。妾知妨妾之爱，夺妾之宠，然不敢以私蔽公，欲王多见博闻也。今虞丘子居相十年，所荐者非其子孙，则宗族昆弟⑦，未尝闻荐贤而退不肖，何谓贤哉？王以告之〔虞丘子，王以樊姬之言告之〕，虞丘子不知所为⑧，〔谓所知其失，不知所为何如也。〕乃避舍〔出舍于外也〕露寝〔寝于外也〕，使人迎孙叔敖〔楚贤人〕而进之，遂立为相。夫以一言之智〔樊女激虞丘子进孙叔敖〕，诸侯不敢窥兵⑨，终霸其国，樊女之力也。《诗》云：'得人者昌，失人者亡。'又曰：'辞之辑矣⑩，人之洽矣。'"

【注释】①无以加：不能再增加；比不上。②肖〔xiào〕：仿效。③负阴而抱阳：万物背阴而向阳，指万物内涵着阴阳两种相反而又相成之气。《老子》："万物负阴而抱阳，冲气以为和。"④得无：能不，岂不，莫非。⑤尚：指主管、执掌帝王私人事务。汤沐：沐浴。⑥同列：同一班列；同等地位。亦指地位相同者。⑦昆弟：兄弟。⑧不知所为：不知道该怎么办，犹言无计可施。⑨窥兵：观兵，炫耀武力。⑩辞：政教。辑：和悦，和睦。

【译文】诸位女子说："冒昧地问一下，妇女的德行，不能再加上智慧吗？"曹大家说："人仿效天地，具有阴阳两种相反而又相成的气质，女子也有聪明贤能智慧的本性，若把它用在生活实践中都能行得通，更何况用心去做呢？从前，有一次楚庄王退朝晚了，夫人樊姬进言说：'为什么退朝晚了呢？您不疲倦吗？'王回答说：'今天和贤明的人聊得高兴，不知不觉就晚了。'樊姬说：'请问那位贤者是谁呢？'王说：'虞丘子（时任宰相）。'樊姬掩着嘴笑起来，楚庄王好奇地问她为什么笑，她回答说：'虞丘子有才能是有才能，但不够忠诚，我有幸召入后宫，侍奉大王沐浴盥洗，成为您的姬妾，已经有十一年了。我就举荐了九位女子给您，现在比我贤能的有二人，和我同等的有七人。我知道她们会阻碍您对我的爱，会夺去您对我的恩宠，但我不敢以自己的私心障碍公事，想让更多贤德女子来照顾大王啊。现在虞丘子做宰相已经十年，他所举荐的人不是他的子孙，就是宗族兄弟，没听说过他举荐贤才而辞退不贤的人。贤能的臣子会是这样的吗？'楚庄王把樊姬的话告诉了虞丘子，虞丘子知道自己有过失吓得不知如何是好，就退避出门在外露宿，直到派人把贤能的孙叔敖迎请来，并举荐给楚庄王，楚庄王就封孙叔敖为宰相。樊姬用一句话的智慧激将虞丘子进荐孙叔敖，使诸侯国不敢对楚国虎视眈眈，楚庄王最终称霸，这是樊姬的功劳啊。《诗经》上说：'得人心者昌盛，失人心者灭亡。'又说：'政令协调，民心和睦。'"

纪德行章 第十

【题解】此章规范妇德的"五备三除"，与丈夫相处也要有如同君臣、父子、兄弟、朋友相处的道义，且要言行自律。还要戒除居上而骄、为下而乱、在丑而争。

大家曰："女子之事夫也，纚笄①〔谓束发加簪〕而朝，则有君臣之严；沃盥〔浇水洗手〕馈食〔献熟食〕，则有父子之敬；报反〔受恩思报〕而行，则有兄弟之道；受期〔接受委托〕必诚，则有朋友之信；言行无玷②，则有理家之度③。五者备矣，然后能事夫。居上不骄，为下不乱，在丑④不争。居上而骄则殆⑤，为下而乱则辱，在丑而争则乖⑥。三者不除，虽和如琴瑟，犹为不妇⑦也。"

【注释】①纚笄〔lí jī〕：束发加簪。②无玷：没有瑕疵；不受玷污。③理家：料理家事。度：事物所达到的境界。④丑：众。⑤殆〔dài〕危亡，危险。⑥乖：不顺利，不和谐。⑦不妇：不合为妇之道，违背妇德。

【译文】曹大家说："女子侍奉丈夫，束发加簪后拜见丈夫，就有如君臣相见的庄严感；浇水洗手后献上食物，就有如父子般的恭敬；怀着感恩的心常想回报夫君，就有如兄弟般的道义；接受夫君委托之事竭诚去做，就有如朋友般的诚信；言行得体没有过失，就有料理家事的风范气度。这五方面具备，然后就能侍奉好丈夫。地位尊贵而不骄慢，身居下位而不任意随便，在大众中礼让不争。身居上位如果骄慢无理就会有危险，身居下位如果任性妄为就会受侮辱，在众人中如果与人争斗就常不顺心。这三方面不戒除，虽然与丈夫如琴瑟般和睦，仍旧是违背妇道啊。"

纪德行章 第十 版本二

【题解】此章以另一个版本来规范妇德的"五备三除"。对双亲要做到的五条：和颜悦色、尽心尽力、病时服侍、葬时至哀、祭祀至诚。要戒除居上而傲、居下而悖，在丑而争。

大家曰："孝子之事亲也，居常则和色柔声，必致①其亲爱；奉养则竭力营办，务得其欢心；疾病则供具汤药，及其忧早；丧葬则擗踊②哭泣，致〔尽其极也〕其哀痛；祭祀则以时思荐③，尽其诚敬。五者备矣，然后能事亲。事亲者，居上勿傲，为下勿悖④，在丑勿争。居上而傲，则德不崇；居下而悖，则殃必及身；在丑而争，则声名乖戾⑤。三者不除，虽日用三牲〔牛羊豕曰三牲〕之养，犹为不孝也。"

【注释】①致：奉献，献纳。②擗踊：擗，捶胸；踊，以脚顿地。形容极度悲哀。③荐：祭祀时献牲。④悖：违逆，违背。⑤乖戾：抵触，不合情理。

【译文】曹大家说："孝子侍奉双亲，平日里和颜悦色，柔声细语，一定时时表达亲近喜爱；奉养老人就尽心尽力，一定要得到长辈的欢心；倘若老人生病了，就呈供汤药，盼望早日好转；老人过世送丧时，就捶胸顿足地哭泣，极尽哀痛之情；祭祀已故先人时，就按春秋祭祀的时间进献祭品，极尽诚敬之心。这五方面具备，然后能侍奉双亲。侍奉双亲时，地位尊贵而不傲慢，身居下位而不违逆，在众人中礼让不争。身居尊位而骄慢就品德不佳；身居下位而违逆就必招灾祸；身处众人中却爱争抢就会名声不好。这三方面不戒除，虽然每日给双亲供养丰盛的饭菜，仍旧是不孝啊！"

五刑章 第十一

【题解】此章讲到女人最大的过错是妒忌，因此平和温柔没有妒忌心，是很重要的德行。

大家曰："五刑之属三千^①，而罪莫大于妒忌，故七出^②之状标其首焉。贞顺正直，和柔无妒，理于幽闺^③，不通于外，目不狥^④色，耳不留声，耳目之欲，不越^⑤其事，蓋圣人之教也，汝其行之。《诗》^⑥云：'令仪令色，小心翼翼。古训是式，威仪是力。'〔《诗·大雅》烝民篇。〕"

【注释】①五刑：五种轻重不等的刑法。三千：指古代所有的刑罚。②七出：规定夫妻离婚时所要具备的七种条件，当妻子符合其中一种条件时，丈夫及其家族便可以要求休妻。这七种条件是："不顺父母""无子""淫""妒""恶疾""口多言""窃盗"。③理：谓治理得好，秩序安定。幽闺：深闺，多指女子的卧室。④狥〔xùn〕：同"徇"，顺从，曲从。⑤越：远，背离，违背。⑥诗：《诗经·大雅·烝民》。

【译文】曹大家说："古代的刑法有五大类，归属的犯罪条目有三千种之多。其中没有比妒忌更大的罪行。所以休妻的"七出"〔七种过失〕中"妒忌"被记为首位。女子应该贞洁顺从正直，平和温柔没有妒忌心，把家中的事治理好，不与外面的人多往来，眼睛不随便看东西，耳朵不流连于好听的声音，节制耳目的欲望，不背离自己的本分，这是圣人的教诲啊，你们要按此去做。《诗经》上说：'仪表端庄脸带笑，小心谨慎不出格，遵循古训无差错，尽力做事合礼节。'"

四德章 第十一 版本二

【题解】此章讲述了女子德行的四个方面: 妇德、妇容、妇言和妇工, 并详细说明四方面所包含的内容。

大家曰:"女有四德之誉〔声闻也〕。四德者, 一曰妇德, 二曰妇容, 三曰妇言, 四曰妇工也。妇德者, 不必才明绝异。妇容者, 不必颜色美丽。妇言者, 不必辩口利辞。妇工者, 不必技巧智能〔技艺之巧过人也〕。其妇德者, 清贞廉节, 守分整齐, 行己有耻, 动静有法, 此为妇德也。妇言者, 择辞而说〔非礼勿言也〕, 时然后言, 此为妇言也。妇容者, 洗浣尘垢, 衣服鲜洁, 沐〔浣头也〕浴〔洗身也〕及时, 一身无秽, 此为妇容也。妇工者, 专勤纺绩, 不务口腹, 供其甘旨①, 以奉宾客, 此为妇工也。

【注释】①甘旨: 美味的食品。
【译文】曹大家说:"女子有四德的美誉。四德包括: 一妇德, 二妇容，三妇言，四妇工。妇德，不必才华出众聪明绝顶。妇容，不必容貌美好姿色艳丽。妇言，不必伶牙俐齿能言善辩。妇工，不必技艺精良灵巧过人。所谓妇德，是清白忠贞廉明守节，安分守己整齐有序，经常自省有羞耻心，劳作休息都符合礼法规范，这就是妇德。所谓妇言，说话的措辞与内容要有所选择，不说不合礼法的话，该说话时才开口说，这就是妇言。所谓妇容，要洗去身上的灰尘和污垢，衣服要干净整洁，按时洗头洗澡，全身没有污秽，这就是妇容。所谓妇工，专心勤劳地纺织，不追求口腹之欲，做出美味的食物供奉给来访的宾客，这就是妇工。"

广要道章 第十二

【题解】此章讲述女子的孝行,除了对公婆尽礼外,如何对待妯娌、孩子、夫君等,以及待人接物应注意的事项。

大家曰:"女子之事舅姑也,竭力而尽礼,奉娣姒①也,倾心而罄义②。抚诸孤以仁,佐君子以智,与娣姒之言信,对宾侣③之容敬,临财廉,取与让,不为苟得④。动必有方,贞顺勤劳,勉其荒怠⑤。然后慎言语,省嗜欲。出门必掩蔽其面,夜行以烛,无烛则止。送兄弟不踰于阈⑥。此妇人之要道,汝其念之。"

【注释】①娣姒〔dì sì〕:妯娌。兄妻为姒,弟妻为娣。②倾心:尽心,诚心诚意。罄〔qìng〕:引申为尽、竭。③宾侣:宾客朋友。④苟得:不当得而得。⑤荒怠:纵逸怠惰。⑥踰:同"逾",越过。阈〔yù〕:门坎。

【译文】曹大家说:"女子侍奉公婆,要竭尽全力并恪守礼节,侍奉妯娌(兄弟的妻子),要诚心诚意并竭尽道义。用仁爱之心来抚养后代,用智慧来辅佐丈夫,与妯娌要讲诚信,对待宾客朋友要宽容恭敬，面对钱财廉洁，获取或给予之间能够谦让给他人，不贪小便宜。做事一定要守规矩，要贞洁柔顺勤劳，避免贪图安逸而懒惰。然后注意言语谨慎，节制物质欲望。出门一定把脸遮蔽住，晚上出行要点火烛，没有火烛就不出去，送兄弟不跨出门槛（只送到门口）。这是做妇人至关重要的规范，你们要记住啊！"

广要道章 第十二 版本二

【题解】此章讲述如何让人学会孝悌忠敬，核心就在一个"敬"字，做到待人诚敬，就可以令众人喜悦。

诸女曰："欲人之孝悌忠敬，而上下治安，化行①闺阃，将何德以施之？"大家曰："欲人之孝，教以亲爱。欲人之悌，教以礼顺。欲人之忠，施之以德。欲人之敬，先之以庄。欲上下治安而化行闺阃，必乐以和之，礼以一②之。此数者，敬而已矣。故敬其父则子悦，敬其兄则弟悦，敬其长则幼悦，敬一人而千万人悦。所敬者寡而悦者众，此之谓要道也。"

【注释】①化行：教化施行。②一：统一。

【译文】诸位女子问："想要让人力行孝悌忠信，让全家上下和乐安宁，施行德育于闺门之中，该用什么德行来教化呢？"曹大家说："想要人孝顺，用亲爱来教导他；想要人友爱兄弟，用礼仪和顺来教他；想要人忠诚，用德行来感化他；想让人恭敬，自己要率先庄重有威仪；想要上下安宁并施行德育于闺门之中，一定用音乐来使人和谐，用礼仪统一大家的行为。综上所述，就是一个"敬"字。所以尊敬别人的父亲，子女就会喜悦；尊敬别人的兄长，弟弟就会高兴；尊敬别人的长辈，晚辈就会开心；尊敬一个人而使千万人感到喜悦，所敬的人少，而欢喜的人却很多，这就是重要的道理啊！"

广守信章 第十三

【题解】此章讲妇德的一志和守信，男子可以再娶，女子要从一而终。并以"贞姜待符"的故事勉励女子如何守信。

立天之道，曰阴与阳；立地之道，曰柔与刚。阴阳刚柔，天地之始①；男女夫妇，人伦之始。故乾坤交泰②，谁能间之。妇地夫天，废一不可。然则丈夫百行，妇人一志。男有重婚之义，女无再醮③之文。是以芣苢④兴歌，蔡人作诫⑤。匪石⑥为叹，卫主知惭⑦。昔楚昭王出游，留姜氏于渐台，江水暴至，王约迎夫人必以符合，使者仓卒，遂不请行。姜氏曰："妾闻贞女义不犯约，勇士不畏其死。妾知不去必死，然无符，不敢犯约。虽行之必生，无信而生，不如守义而死。"会使者还取符，则水高台没矣！其守信也如此，汝其勉之。《易》曰："鸣鹤在阴，其子和之。"

【注释】①始：根本，本源。②交泰：指天地之气和祥，万物通泰。出自《周易·泰卦》："天地交，泰。"③醮〔jiào〕：古代行婚礼时，父母给子女酌酒的仪式称"醮"。因称男子再娶或女子再嫁为"再醮"。④苤苢〔fú yǐ〕：即车前草，《苤苢》是《诗经·国风·周南》中一篇，当时人们采车前草时所唱的歌谣。表达了"生虽是艰难的事情，却总有许多快乐在这艰难之中"。⑤蔡人作诚：出自《列女传·贞顺》中的故事，蔡人之妻，宋人之女嫁于蔡，而其夫有恶疾，其母欲改嫁之。该女认为嫁人之道，一旦结婚，则终身不改。今夫不幸染上恶疾，正应细心照料，以情相慰，怎么可以弃之而再嫁呢？终不听其母，乃作《苤苢》之诗。⑥匪石：非石，不象石头那样可以转动。形容坚定不移。出自《诗经·邶风·柏舟》："我心匪石，不可转也。"⑦卫主知惭：周时卫世子共伯之妻共姜，因共伯早死，父母（公婆）让她再嫁，她发誓不嫁，因此作了《柏舟》以明志。

【译文】构成天的因素，是阴和阳；构成地的因素，是柔与刚。阴阳刚柔，是天地的本源，男女夫妇，是人伦的根本，所以天地之气祥和，万物通泰，夫妻和睦相处，上下同心，谁能离间他们呢？妇为地，夫为天，缺一不可。然而男子要有多种品行，女子要一心一意。男子有再婚的道理，女子没有再嫁的礼节，所以《诗经》中的《苤苢》，是蔡人之妻以贞顺守一告诚后人，共姜以坚定不再嫁的决心，令卫共伯父母感到惭愧。还有一个"贞姜待符"的故事，楚昭王出游，把姜氏留在渐台。江水暴涨，楚昭王曾与她相约，派人来接她时一定要拿符作凭证，使者仓促间忘了带符，姜氏便不跟他走。姜氏说："我听说坚贞的女子要守信义，不违反约定，勇敢的兵士将生死置之度外。我知道不跟你走一定会死，然而没有大王的信符，我不敢违反约定。虽然跟你走一定会活下来，但没有信义的活着，不如坚守信义的死去。"来接她的使者取符返回时，大水把高台淹没了。姜氏守

信到如此地步，你们要以她来勉励自己，《周易》上说："雌鹤
在北山鸣叫，小鹤就同声附和。"

节行章 第十三 版本二

【题解】此章讲女子应注重的节操品行，不因为生死存亡而变心，不因为盛衰而改变气节，这样的美德是可以流传千古的。

大家曰："女子之所重者身也。身也者，百行之源也。善修身者，正其意，慎其虑。常德固持，一丝不累^①，立心正静，丝毫不差。不以存亡易心，不以盛衰改节。故柏舟之诗^②，〔卫共伯蚤死，其妻共姜守义。父母欲夺而嫁之，共姜作柏舟之诗，以死自誓。〕节行千古。断鼻之誓，〔曹文叔妻，夏侯令女，文叔蚤死，父母欲嫁之。令女窃入寝室，以刀断鼻，誓不再嫁。〕令名^③无穷。《诗》云：'上帝临女，无贰尔心^④。' 有节行也夫！又曰：'乐只君子，邦家之光^⑤。' 有令名也夫！"

【注释】①常德：始终不变的品德。累：过失。②柏舟之诗：指《诗经·邶风·柏舟》，传说共姜所作，表不再嫁之决心。③令名：美好的声誉。④上帝临女，无贰尔心：出自《诗经·大雅·大明》。⑤乐只君子，邦家之光：出自《诗经·小雅·南山有台》。

【译文】曹大家说:"女子所看重的,是身体。身体是各种品行的源头。善于修身的人,修正自己的念头,谨慎对待自己的想法。固守基本的道德,一点过失也没有,内心贞正安静,丝毫不偏差。不因为存亡而改变心志,不因为盛衰而改变气节。所以共姜作《柏舟》这首诗,丧夫后以死发誓不再嫁,她的节操品行流传千古;曹文叔妻夏侯令女以刀断鼻誓不再嫁,美好的声誉传诵不朽。《诗经》上说:'上天关注着女子,休要怀着二心。'这是要有节操品行啊!又说:'快乐美好的君子,你是国家的荣光。'这是要有美好的声誉啊!"

广扬名章 第十四

【题解】此章讲述女子在家中尽好孝道和悌道，可以推移到夫君家，还可以扬名于后世。

大家曰："女子之事父母也孝，故忠可移于舅姑；事姊妹也义，故顺可移于娣姒；居家理^①也和，故理可闻于六亲。是以行成^②于内，而名立^③于后世矣。"

【注释】①理：治理得好，秩序安定。②行成：德行养成，美行修成。行：行为；成：成效，成功。③立：树立，流传。

【译文】曹大家说："女子侍奉自己的父母极尽孝道，这样的忠心才可以推移到公婆；侍奉姊妹有情义，这样的恭顺才可以推移给娣姒；把家治理得安定和睦，所以善持家的名声会在六亲中传播。这就是德行在家里养成，而名声流传于后世啊！"

谏诤章 第十五

【题解】此章讲述述真正贤良的妻子，是看到丈夫有过失时，直言规谏，以成就丈夫的德行和事业。

诸女曰："若夫^①廉贞、孝义、事姑、敬夫、扬名，则闻命^②矣。敢问妇从夫之令，可谓贤乎？"大家曰："是何言与^③！是何言与！昔者周宣王〔名静，厉王之子〕晚朝，姜后〔宣王后〕脱簪珥^④〔耳冠之饰〕待罪〔谓待王加之罪，姜后本无罪而云云者，欲以谏王之故也〕于永巷〔宫中狱名，后改为掖庭巷〕，宣王为之夙兴^⑤。汉成帝〔名骜，元帝太子〕命班婕妤^⑥〔女官，班姬，左曹越骑班况之女〕同辇^⑦，婕妤辞曰：'妾闻三代〔夏商周〕明王皆有贤臣在侧，不闻与嬖女^⑧同乘。'成帝为之改容。楚庄王耽〔酷奢也〕于游畋〔猎也〕，樊女乃不食野味，庄王感焉，为之罢猎。由是观之，天子有诤臣^⑨，虽无道，不失其天下；诸侯有诤臣，虽无道，不失其国；大夫有诤臣，虽无道，不失其家；士有诤友，则不离于令名；父有诤子，则身不陷于不义；夫有诤妻，则身不入于非道。是以卫女矫^⑩齐桓公不听淫乐，齐姜遣晋文公而成霸业。故夫非道则谏之，从夫之令，又焉得为贤乎！《诗》云：'猷之未远，是用大谏^⑪。'"

【注释】①若夫：至于。用于句首或段落的开始，表示另提一事。②闻命：接受命令或教导。③是何言与：是：指示代词。何言与：什么话，表示否定语气。④簪〔zān〕珥〔ěr〕：发簪和耳饰。古代多为高贵妇女的首饰。⑤夙〔sù〕兴：早起。⑥婕〔jié〕妤〔yú〕：宫中女官名。汉武帝时始置，位视上卿，秩比列侯。自魏晋至明多沿设。⑦同辇：指与天子同车。辇，天子之车。⑧嬖〔bì〕女：受宠爱的姬妾。⑨诤臣：谏诤之臣。引申指能指正先辈缺失的后辈。⑩矫：匡正；纠正。⑪猷之未远，是用大谏：出自《诗经·大雅·板》。猷：谋划。大谏：竭力规劝。

【译文】诸位女子问："关于清廉贞顺、忠孝节义、侍奉公婆、礼敬丈夫、扬名后世的道理，我们已经听到您的教导了。请问妇女只要听从丈夫的命令，就算贤良了吗？"曹大家说："这是什么话！这是什么话！从前周宣王未按时上朝听政，姜后脱下首饰，到永巷狱中等待大王降罪，周宣王因此而早起上朝。汉成帝命令班婕妤与他同车而行，班婕妤推辞说：'我听说夏、商、周三代明王都有贤臣在旁，没听说和宠爱的姬妾同车的。'汉成帝为此深受感动。楚庄王过分沉湎于巡游打猎，樊姬于是不吃野味，楚庄王受到感化，因此停止打猎。从这些事上看，天子有直言谏诤的臣子，即使天子无道，还不至于失去天下；诸侯有直言谏诤的臣子，即使诸侯无道，还不至于失掉他的诸侯国；卿大夫有直言谏诤的臣子，即使自己无道，还不至于失掉家；士人有直言谏诤的朋友，就不会失掉美好的名声；父亲有直言谏诤的儿子，就不会陷自己于不义；丈夫有直言谏诤的妻子，就不会做出不合道义的事。所以齐桓公夫人卫姬提醒齐桓公，使他不听淫乱的音乐；齐姜把晋文公灌醉送走，才成就他的霸业。所以丈夫不合道义就应该劝谏指正他，盲目顺从丈夫的要求，又怎么能算贤良呢！《诗经》上说：'我王执政没远见，所以作诗来劝谏。'"

胎教章 第十六

【题解】此章讲述了妇人怀孕时的胎教对孩子一生的相貌才德有重要的影响。并详细说明怀孕期间行住坐卧、言行举止应该如何做。

大家曰："人受五常之理，生而有性习①也，感善则善，感恶则恶，虽在胎养，岂无教乎？古者妇人妊②子也，寝不侧，坐不边，立不跛③；不食邪味，不履左道，割不正不食④，席不正不坐，目不视恶色⑤，耳不听靡声〔靡之乐，淫乐也〕，口不出傲言，手不执邪器；夜则诵经书，朝则讲礼乐。其生子也，形容端正，才德过人，其胎教如此。"

【注释】①性习：习性，习惯。②妊〔rèn〕：同"妊"，怀孕。③跛〔bǒ〕：站立时重心偏于某一足上。古时认为是一种不恭敬的举止。④割不正不食：用不人道的方式宰杀的食物不吃。⑤恶色：邪恶的事物。

【译文】曹大家说："人们接受仁义礼智信的五常教育，生来就有习性，受善影响就善，受恶影响就恶。虽然是母腹中的胎儿，难道没有教育吗? 古代的女人身怀六甲时，睡觉不随便侧身，坐姿端正，站立正直，不吃味道不正的食物，不走旁门左道。食物用不人道方式宰杀的食物不吃，座位摆得不正不坐，眼睛不看邪恶的事物，耳朵不听靡乱的乐声，嘴里不说傲慢的话，手里不拿邪僻的器具；夜晚诵读经典，早晨习讲礼乐。这样生出的孩子，相貌庄严端正，才学德行过人，这是胎教的结果。"

母仪章 第十七

【题解】此章讲述为人母如何教育孩子。首先自己要明礼，之后介绍男孩女孩教育的不同次第，最后举孟母教子的事例。

大家曰："夫为人母者，明其礼也。和之以恩爱，示之以严毅①，动而合礼，言必有经。男子六岁教之数与方名②，七岁男女不同席、不共食，八岁习之以小学③，十岁从以师焉。出必告，反必面，所游④必有常，所习必有业。居不主奥，〔室西南北隅，为尊处也。〕坐不中席，行不中道，立不中门。不登高，不临深，不苟訾⑤，不苟笑，不有私财。立必正方，耳不倾听，使男女有别，远嫌避疑，不同巾栉⑥。女子七岁教之以四德，其母仪之道如此。皇甫士安⑦叔母有言，曰：'孟母〔邹孟轲之母也〕三徙，〔三迁也，详见《列女传》中。〕以教成人，买肉⑧以教存信，居不卜邻⑨，令汝鲁钝之甚。'《诗》云：'教诲尔子，式穀似之⑩。'"

【注释】①严毅：严厉刚毅。②方名：四方之名，指辨识方向。③小学：汉代称文字学为小学。因儿童入小学先学文字，故名。隋唐以后为文字学、训诂学、音韵学之总称。④游：外出求学，出仕。⑤苟：随便，马虎，不审慎。訾〔zǐ〕：诋毁，指责。⑥巾栉〔zhì〕：巾和梳篦。泛指盥洗用具。⑦皇甫谧（公元215—282年）：字士安，幼名静，自号玄晏先生，安定朝那（今宁夏固原市彭阳县）人。是中国历史上的著名学者，在文学、史学、医学诸方面都很有建树。他自幼丧母，过继给叔父，因此叔母如母亲般教导他。⑧买肉：孟母"买肉啖子"的故事。孟子少年时，邻居杀猪，孟子问他的母亲说："邻居为什么杀猪？"孟母说："要给你吃肉。"孟母后来后悔了："他刚刚懂事而我却欺骗他，这是在教他不讲信用啊。"于是买了猪肉给孟子吃。⑨卜邻：选择邻居。⑩教诲尔子，式穀〔gǔ〕似之：出自《诗经·小雅·小宛》。式：句首语气词。穀：善。似：同"嗣"，继承。

【译文】曹大家说："为人母，要了解礼仪。以恩情慈爱与儿女和睦相处，同时显示严厉刚毅的一面。一举一动要合礼仪，言语要符合经典教诲。男孩子六岁要教他学习数字和方位，七岁时男女不同席而坐，不一起吃饭，八岁让他读书识字，十岁送他拜师学习。教导孩子，出门前要告知一声，返回要通报一声。外出求学做官要有固定的场所，研习的是稳定的职业。不居于尊长所住之处，不坐在席子中央，不行走于道路中央，不站在门的中间，不攀爬高处、不临近深渊，不随便指责，不轻易嬉笑，不拥有私房钱。站要正直，不侧耳探听，男女有分别，远远避开嫌疑，不一起梳头洗脸。女孩子七岁开始教她妇德、妇言、妇容、妇功这四德，这些都是做母亲的义务。皇甫士安的叔母说：'孟母三迁，把孩子教成德才兼备的人。通过"买肉啖子"这件事，教孩子要守信义。居住不选择邻居，会让你粗鲁迟钝至极。'《诗经》上说：'教育好孩子，让他继续为善！'"

举恶章 第十八

【题解】此章讲述历史上不善女子祸国殃民的事例，夏商周三代都是因妖女而灭亡。还举了骊女、南风、夏氏的反面事例作为告诫。

诸女曰："妇道之善，敬闻命矣。小子不敏[1]，愿终身以行之。敢问古者亦有不令[2]之妇乎？"大家曰："夏之兴也以涂山，其灭也以妹喜；妹喜所言，桀皆听从，卒以亡国。殷之兴也以有莘氏〔汤之妃〕，其灭也以妲己；〔纣嬖妲己，为酒池、肉林、炮烙，武王克之。〕周之兴也以太任，〔王季妃，文王母。〕其灭也以褒姒。〔周幽王宠于褒姒，黜申后，废太子。褒姒不笑，王尝悦之万端，终不得一笑。戏举烽火，诸侯至，至而无故，褒姒笑。后大戎攻王，王举烽火，而诸侯不至，大戎杀王而虏褒姒。〕此三代之王，皆以妇人失天下，身死国亡，而况于诸侯乎！况于卿大夫乎！况于庶人乎！故申生[3]之亡，祸由骊女[4]。愍怀之废[5]，衅起南风[6]。由是观之，妇人起家者有之，祸于家者亦有之。至于陈御叔之妻夏氏⑦，杀三夫，戮一子，弑一君，走⑧两卿，丧一国，盖恶之极也。夫以一女子之身，破六家之产，吁，可畏哉！若行善道，则不及于此矣。"

【注释】①小子：学生，晚辈。不敏：谦词，不才。②不令：不善，不肖。③申生：春秋时代晋献公之嫡长子，夫人齐姜所生，本是晋国太子。后被骊姬陷害，不愿作乱，自杀而死。④骊女：史称骊姬，本是骊戎首领的女儿，被晋献公虏入晋国成为献公的妃子，她使计离间了献公与申生、重耳、夷吾父子兄弟之间的感情，并设计杀死了太子申生。⑤愍怀：太子司马遹〔yù〕，字熙祖，西晋武帝司马炎之孙，晋惠帝司马衷之子。皇后贾南风以其非己出，乃设计谋害，诬愍怀太子谋反，并将他杀害。⑥衅〔xìn〕：祸患，祸乱。南风：贾南风，西晋时期晋惠帝司马衷的皇后，貌丑而性妒。⑦陈御叔之妻夏氏：史称夏姬，嫁给陈国的夏御叔为妻，貌美非常，但妖淫成性与多位诸侯、大夫通奸，引出一连串的历史事件，号称"杀三夫一君一子，亡一国两卿"。⑧走：驱逐，使溃逃。

【译文】诸位女子说："妇道的善行善事，我们敬听了您的教导。晚辈不才，愿终身奉行您的教诲。请问古代也有不遵从妇道的女子吗？"曹大家说："夏朝的兴盛是因为涂山氏（夏禹妻），它的灭亡是因为妹喜（夏桀对妹喜言听计从，最后亡国）。殷商的兴盛是因为有莘氏（商汤的王妃），它的灭亡是因为妲己（商纣王宠妾妲己，爱好酒池肉林，兴炮烙刑罚，后来周武王灭了商纣）。周朝的兴盛是因为太任（周文王的母亲），它的灭亡是因为褒姒（周幽王宠妾，曾为博她一笑而烽火戏诸侯，周幽王最终被犬戎军队所杀）。这三代君王，都是因为女人而失去天下，身死国亡，更何况诸侯呢？更何况卿大夫呢？更何况普通百姓呢？所以申生之死，是骊姬引发的灾祸。愍怀太子被废黜，祸乱起自皇后贾南风。由此可见，妇人之中有兴家立业的人，也有祸国败家的人。至于陈国夏御叔的妻子夏姬，杀了三个丈夫、一个儿子、一个君主，驱逐了两个卿大夫，毁灭了一个国家，罪大恶极啊。这是以一个女子之身，破坏了六家的产业，唉，多可怕啊！如果能多做善事，就不至于如此了。"

【《女孝经》全文终】

〔备注：《女孝经》第十章至第十三章有两种不同版本，一同提供给读者参考。〕

二十四孝

孝感动天

　　虞舜①，瞽叟②之子。性至孝。父顽母嚚③。弟象傲。舜耕于历山，有象为之耕，有鸟为之耘。其孝感如此。帝尧闻之，事以九男，妻以二女，遂以天下让焉。系诗颂之，诗曰：

　　　　对对耕春象，纷纷耘草禽。

　　　　嗣尧登帝位，孝感动天下。

　　【注释】①舜，传说中的远古帝王，五帝之一，姓姚，名重华，号有虞氏，史称虞舜。②瞽叟〔gǔ sǒu〕：失明的盲人。传说为舜的父亲，因其屡次欲杀舜，后世讥其有眼不识贤愚，故称为"瞽叟"。③嚚〔yín〕：愚蠢而顽固。

　　【译文】五帝之一的舜帝，是瞽瞍老汉的儿子。他天性极尽孝道。他父亲脾气古怪，继母愚蠢而顽固，同父异母的弟弟名叫象，傲慢无礼。舜在历山耕种，大象替他耕地，鸟代他锄草。是他的孝行感动了上天才会有如此的景象啊。尧帝听说舜非常孝顺的事迹后，就让自己的九个儿子侍奉舜为师，跟着大舜学习。把自己两个心爱的女儿同时嫁给舜为妻，最后把天下禅让给了大舜。

亲尝汤药

西汉文帝^①，名恒，高祖第三子。初封代王。生母薄太后，帝奉养无怠。母尝病三年，帝目不交睫，衣不解带，汤药非亲尝弗进。仁孝闻于天下。系诗颂之，诗曰：

仁孝闻天下，巍巍冠百王。

母后三载病，汤药必先尝。

【注释】①汉文帝（前202年–前157年）：汉高祖刘邦第三子，即位后励精图治，与其子景帝一起，开创了历史上有名的"文景之治"。

【译文】汉代第三个皇帝是汉文帝，名叫刘恒，是汉高祖刘邦的第三子，最初被封为代王。文帝的生母是薄太后。他即帝位后侍奉母亲从不懈怠。母亲卧病三年，他常常目不交睫、衣不解带地亲自照顾。给母亲服用的汤药，如果不是他亲口尝过的就不让母亲下服。汉文帝以仁孝之名闻于天下。

鹿乳奉亲

周，郯子①，性至孝。父母年老，俱患双目，思食鹿乳。郯子乃衣鹿皮，往深山群鹿之中，取鹿乳供亲。猎者见而欲射之。郯子俱以情告，乃免。有诗为颂，诗曰：

亲老思鹿乳，身穿褐毛衣。

若不高声语，山中带箭归。

【注释】①郯〔tán〕子，己姓，子爵，春秋时期郯国国君。

【译文】春秋时期的郯子，天性极尽孝道。他的父母年迈，都患了眼病，想吃野鹿的乳汁。郯子便披着鹿皮做的衣服，钻进深山密林里，混到鹿群中，挤取母鹿的乳汁，供奉双亲。

一次取乳汁时，有一个猎人发现了他，以为是只失群的小鹿，便要搭弓射箭。郯子急忙脱下了鹿皮外衣，将挤取鹿乳为双亲医病的实情告诉给猎人，这样才逃过了一场大难。

弃官寻母

宋，朱寿昌，七岁，生母刘氏为嫡母①所妒，复出嫁。母子不相见者五十年。神宗朝，弃官入秦②，与家人诀③，谓"不寻见母，誓不复还。"后行次④同州⑤得之。时母年已七十有余。有诗为颂，诗曰：

七岁离生母，参商五十年。

一朝相见后，喜气动皇天。

【注释】①嫡母：古时候，妾的子女对正妻的称呼。②秦：陕西被称为秦。③诀：告别，辞别。④次：停止。⑤同州：地名，在今陕西大荔。

【译文】宋代天长人朱寿昌，七岁的时候，生身亲母刘氏被嫡母嫉妒，于是不得不改嫁他人。母子不能相见已经五十年了。神宗时，朱寿昌辞官不做，赶赴陕西寻找生母，与家人告别时发誓不见到母亲永不回家。后来，寻访到陕西同州，终于遇到了生母和两个弟弟，母子欢聚。这时母亲已经七十多岁了。

涤亲溺器

　　宋，黄庭坚①，号山谷，元佑中为太史。性至孝，身体贵显，奉母尽诚。每夕亲自为母洗涤溺器②，未曾有一刻不供人子之职。有诗为颂，诗曰：

　　　　贵显闻天下，平生事孝亲。

　　　　不辞常涤溺，焉用婢生嗔。

　　【注释】①黄庭坚：字鲁直，号山谷道人，晚号涪翁，洪州分宁（今江西修水县）人，北宋著名诗人、文学家、书法家。②溺器：盛尿的器具，即马桶。

　　【译文】北宋分宁（今江西修水）黄庭坚，号山谷道人，是著名诗人、文学家、书法家。哲宗元佑年间，他位居太史，天性极其孝顺。他虽然身居显官，侍奉母亲却竭尽孝诚。每天晚上，他都亲自为母亲洗涤便桶，从没有一天不尽做儿子的职责。

怀橘遗亲

后汉陆绩[①]，字公纪，年六岁，至九江见袁术。术出橘待之，绩怀橘二枚。及跪拜辞，堕地。术曰："陆郎作宾客而怀橘乎？"绩跪答曰："吾母性之所爱，欲归以遗母。"术大奇之。有诗为颂，诗曰：

孝悌皆天性，人间六岁儿。

袖中怀橘实，遗母报深慈。

【注释】①陆绩，三国时期吴国吴县华亭（今上海市松江）人，科学家。博学多识，通晓天文和历法，曾作《浑天图》，注《易经》《太玄经》。

【译文】三国时期吴国的陆绩，六岁那年，他（随父亲陆康）到九江谒见太守袁术。袁术摆出橘子招待他，陆绩偷偷向怀里藏了两个橘子。等到临别告辞回家，跪拜时橘子滚落到地上。袁术逗他道："小陆郎来我家作贵客，走的时候还要怀藏人家的橘子吗？"陆绩跪下回答说："我母亲天生喜欢吃橘子，我想拿回去给母亲尝尝。"袁术（见他小小年纪就懂得孝顺母亲）十分地惊奇。

戏彩娱亲

周，老莱子^①，至性孝。奉养二亲，备极甘脆。行年七十，言不称老，常着五彩斑斓之衣，为婴儿戏于亲侧。又常取水上堂，诈跌卧地，作婴儿啼，以娱亲。有诗为颂，诗曰：

戏舞学骄痴，春风动彩衣。

双亲开口笑，喜气满庭帏。

【注释】①老莱子：楚人，至孝。春秋时期楚国的隐士，为躲避世乱，自耕于蒙山南麓。

【译文】周朝时有个老莱子，天性极尽孝道。他伺候二老，总是极尽所能地做可口的甘美的食物来供奉。他马上就要七十岁了，从来不在父母面前说自己老迈。他经常身穿色彩鲜艳的衣服，象婴儿一样在双亲身边戏耍。有一次曾经为老人端洗脚水，故意假装跌倒，趴在地上，学婴儿的哇哇啼哭声，逗老人开心。

涌泉跃鲤

汉，姜诗①，事母至孝。妻庞氏，奉姑尤谨。母性好饮江水，妻出汲而奉母。又嗜②鱼脍③，夫妇常作之。召邻母，供食之。后舍侧忽有涌泉，味如江水，日跃双鲤。诗时取以供母。有诗为颂，诗曰：

舍侧甘泉出，朝朝双鲤鱼。

子能恒孝母，妇亦孝其姑。

【注释】①姜诗：东汉四川广汉人，娶妻庞氏，夫妻至孝。②嗜〔shì〕：喜欢，喜好。③脍〔kuài〕：细切的肉。

【译文】东汉四川广汉人姜诗，对待母亲非常孝顺。后娶庞氏为妻，庞氏对婆婆照顾的更加周到。姜诗的母亲天生喜欢喝长江水，其家距离长江有六七里的路程，庞氏亲自去江边汲取江水来奉养婆婆。老太太还特别爱吃鱼肉，夫妻就经常做鱼给她吃。老人不愿意自己独自吃，他们又请来邻居老婆婆一起吃。（一次因天气恶劣，庞氏取水回来晚了，姜诗怀疑她怠慢母亲，就将她逐出家门。庞氏求住邻居家中，她昼夜辛勤纺纱织布，用纺织布匹换钱买好吃的食物托邻居送回家中孝敬婆婆。婆婆知道了庞氏被逐的事，就命令姜诗将儿媳请回。庞氏回家这天）院子旁边忽然涌出泉水，味道与长江水一样，每天还有两条鲤鱼从水中踊跃而出，庞氏便用这泉水和鲤鱼供奉婆婆。

刻木事亲

汉，丁兰①，幼丧父母，未得奉养，而思念劬劳②之恩。刻木为像，事之如生。其妻久而不敬，以针戏刺其指，则出血。木像见兰，又眼中垂泪。兰问得其情，将妻出弃之。有诗为颂，诗曰：

> 刻木为父母，形容如在时。
>
> 寄言诸子侄，各要孝亲帏。

【注释】①丁兰，相传为东汉时期河内（今河南黄河北）人，早丧父，事母至孝。及母丧，刻木孝母，事母如存。②劬〔qú〕劳：劳苦、苦累。

【译文】东汉河内人丁兰，幼年父母双亡，他没有机会奉养行孝，因而经常怀念父母的养育之恩。于是用木头刻成双亲的雕像，对待雕像如同侍奉活人一样（每日三餐敬过双亲自己才食用，出门前一定禀告，回家之后一定面见，从不懈怠）。他的妻子因为日久生烦，对雕像便不太恭敬了，就用针偷偷地刺木像的手指玩，木像的手指竟然流出血来。后来木像见到丁兰后，眼中滴下泪水。丁兰查问妻子得知实情后，就将妻子休弃了。

闻雷泣墓

魏，王裒①事母至孝。母存日，性畏雷。既卒，殡葬于山林。每遇风雨，闻响震之声，即奔墓所跪拜，泣告曰："裒在此，母亲勿惧。"有诗为颂，诗曰：

慈母怕闻雷，冰魂宿夜台。

阿香时一震，到墓绕千回。

【注释】①王裒：字伟元，城阳营陵（今山东昌乐）人。东汉大司农郎中令王修之孙，司马王仪之子。西晋学者，因父为司马昭所杀，不臣西晋，三征七辟皆不就，隐居教授，善书。

【译文】三国末魏国城阳营陵人王裒，侍侯母亲极其孝敬。其母在世的时候，天生害怕打雷。等母亲死后，安葬在山林中。每当遇到风雨天气，听到空中传来雷声，王裒就立即跑到母亲的坟墓前，跪拜下来哭着告慰母亲说："裒儿在这里陪您，母亲不要害怕啊。"

恣蚊饱血

晋，吴猛①，年八岁，事亲至孝。家贫，榻无帷帐。每夏夜，蚊多攒肤②，恣③渠膏血④之饱，虽多，不驱⑤之，恐其去以而噬⑥亲也。爱亲之心至矣。有诗为颂，诗曰：

夏夜无帷帐，蚊多不敢挥。

恣取膏血饱，免使入亲帏。

【注释】①吴猛：晋代道士。字世云。豫章分宁人，祖籍濮阳（今河南濮阳县）。②攒肤：这里的意思是很多蚊子咬人。③恣：肆意，随意，放纵。④渠膏血：血多。⑤驱：驱赶，轰走。⑥噬〔shì〕：咬。

【译文】晋朝濮阳人吴猛，刚八岁，就非常孝敬父母。他家里贫穷，床上没有蚊帐，每到夏天的晚上，蚊虫叮咬多在人皮肤上。（吴猛总是赤身坐在父亲床前）任蚊虫叮咬吸食自己的血液，再多也不赶走，他担心蚊虫离开自己去叮咬父亲。孝敬的心能如此算是做到极致了啊！

哭竹生笋

　　三国，孟宗①，字恭武，少孤。母老病笃，多月思笋煮羹食，宗无计可得。乃往竹林中，抱竹而泣。孝感天地，须臾地裂，出笋数茎。持归，作羹奉母。食毕，疾愈。有诗为颂，诗曰：

　　　　泪滴朔风寒，萧萧竹数竿。

　　　　须臾冬笋出，天意保平安。

　　【注释】①孟宗：湖北鄂城人，后因避孙皓字讳，改名孟仁，字恭武。少年时从师南阳李肃读书，后官居吴国司空。

　　【译文】晋代江夏人孟宗，（后因避孙皓字讳，改名孟仁）字恭武。少年时父亲早亡。母亲年老病重，冬天里很想喝鲜竹笋做的汤。孟宗找不到笋，无计可施，就独自一人跑到竹林里，抱住竹子大哭。他的孝心感动了上天，不一会儿，忽然地裂开了，只见地上长出几根嫩笋。孟宗赶紧采回去做羹汤给母亲喝。母亲喝完后，病居然痊愈了。

扼虎救父

晋，杨香①，年十四，常随父丰往田间获粟。父为虎曳去，时杨香手无寸铁，惟知有父而不知有身。踊跃向前，搤②持虎颈。虎亦靡然而逝。父方得免于害。有诗为颂，诗曰：

深山逢白额，努力搏腥风。

父子俱无恙，脱身虎口中。

【注释】①杨香：杨香，晋朝人，至孝，田间遇虎，舍身救父。②搤〔yì〕：捉。

【译文】晋朝人杨香，十四岁时随父亲杨丰到田间收割稻谷。父亲忽然被跑来的一只猛虎扑倒叼走。当时杨香手无寸铁，只想着救父亲而全然不顾自己的安危，急忙猛扑到老虎跟前，扼住猛虎的脖子不放。猛虎竟颓然地放下杨香的父亲跑掉了，父亲终于捡回了性命，没有受到伤害。

乳姑不怠

唐，崔山南①，曾祖母长孙夫人，年高无齿。祖母唐夫人，每日栉洗②，升堂，乳其姑〔婆婆〕。奶不粒食③，数年而康。一日〔长孙夫人〕病，长幼咸集，乃宣言曰："无以报新妇恩。愿子孙妇，如妇之孝敬足矣。"有诗为颂，诗曰：

> 孝敬崔家妇，乳姑晨盥梳。
>
> 此恩无以报，愿得子孙如。

【注释】①崔山南：崔山南，名琯〔guǎn〕，字从律，唐代博陵（今属河北）人，官至山南西道节度使，人称"山南"。②栉洗：梳洗、盥洗。③粒食：以谷物为食。

【译文】唐代博陵人崔山南。他的曾祖母长孙老夫人年事已高，牙齿完全脱落，不能嚼食。他的祖母唐夫人每天早上盥洗后，都上堂来用自己的乳汁喂养婆婆。婆婆长孙老夫人没有吃过一粒粮食，数年身体依然康健。后来一天忽然病倒了，将全家老小全都召集在一起，她发愿说："我没有什么能报答媳妇的恩义了，但愿孙媳妇也像她孝敬我一样孝敬她就好了。"

卖身葬父

汉（朝）董永①，家贫，父死，卖身贷钱而葬。及去偿工，途遇一妇，求为永妻，俱至主家。主令织布三百疋②，始得归。妇织一月而成，归至槐阴会所，遂辞永而去。有诗为颂，诗曰：

葬父贷孔兄，仙姬陌上逢。

织布偿债主，孝感动苍穹。

【注释】①董永：汉朝时期的人物，其家境贫寒，幼年丧母，与父相依为命。父去世后，又契身葬父。②疋〔pǐ〕：用于计量整卷的绸布等。

【译文】传说东汉千乘的董永，家中非常贫穷。他父亲死后，董永就卖身给富家为奴，以此换取安葬父亲的费用。等到去做佣人，在路上遇到一个女子，请求嫁给董永为妻。于是二人一起到了主人家，主人命他们织成三百匹锦缎才能赎身回家。（他媳妇）一个月就织完了三百匹锦缎，为董永抵债赎身。在返回家的途中，来到了他们初会的槐荫地界，女子（告诉董永自己是天帝之女，奉命帮助孝子董永还债）辞别董永凌空而去（槐荫因此改名为孝感）。

百里负米

周，仲由①，字子路。家贫，尝食藜藿②之食，为亲负米百里之外。亲殁③，南游于楚。从车百乘，积粟万钟④。累褥而坐，列鼎而食。乃叹曰："虽欲食黍薯之食，为亲负百里之外，不可得也。"有诗为颂，诗曰：

> 负米供甘旨，宁辞百里遥。
> 身荣亲已没，犹念旧劬劳。

【注释】①仲由：字子路，又字季路，春秋时期鲁国人，孔子的得意弟子，性格直率勇敢，十分孝顺。②藜藿〔lí huò〕：指粗劣的饭菜。③殁〔mò〕：死。④万钟：指丰富的粮食。钟，古量器名，铁铸，容积约三十斤。

【译文】周朝的仲由，表字子路。（他是孔子的学生，他年轻时家里很穷）经常吃嫩藜叶和野藿叶等野菜做的饭，他把自己的俸米从百里以外的地方背回家里侍奉双亲。后来，双亲死了，子路当了大官，奉命到南方的楚国去，随从护卫的车队达到一百辆，所积攒的粮食上万钟，坐在铺着几层厚厚的锦褥上，吃饭时面前摆着各种食器和餐具。面对此景，子路放下筷子叹息："虽然如此，我宁愿还吃嫩藜叶和野藿叶等野菜做的饭，继续为双亲从百里外背米回家侍奉，可惜再也得不到这样的机会了。"

芦衣顺母

周，闵损①，字子骞。早丧母。父娶后母，生二子，衣以绵絮。闵损衣以芦花。一日，父令损御车，体寒失鞭。父察知其故，欲出后母。损曰："母在一子单，母去三子寒。"后母闻之，卒悔改。系诗颂之，诗曰：

闵氏有贤郎，何曾怨后娘。

车前留母在，三子免风霜。

【注释】①闵损：名闵损，字子骞，尊称闵子，世以字行。祖籍鲁国，徙居宋国相邑。孔子高徒，在孔门中以德行与颜回并称，为七十二贤之一。

【译文】春秋时期鲁国的闵损，字子骞（孔子的弟子，以德孝著称），幼年时他的生母过早去世。父亲续娶了后妻，后母又生了两个儿子。（冬天）继母给两个亲儿子穿着用棉花做的冬衣，因为厌弃闵损，却给他穿用芦花做的"绵衣"。一天，父亲出门让闵损驾御马车，闵损因身体寒冷打颤，将缰绳坠落在地（因此被父亲鞭打，打破棉衣发现芦花）。父亲得知闵损受到虐待后，要休掉后妻。闵损跪求父亲说："留下母亲，只是我一个孩子受冷；赶走母亲，三个孩子都要挨冻。"继母听说，立即悔恨知错，从此改过。

埋儿奉母

汉，郭巨①家贫，有子三岁。母尝减食与之。巨谓妻曰："贫乏不能供母，子又分父母之食。盍埋此子。"及掘坑三尺，得黄金一釜②，上云："天赐郭巨，官不得取，民不得夺。"有诗为颂，诗曰：

郭巨思供亲，埋儿为母存。

黄金天所赐，光彩照寒门。

【注释】①郭巨：晋代隆虑（今河南林县）人，一说河内温县（今河南温县西南）人，原本家道殷实。父亲死后，他把家产分作两份，给了两个弟弟，自己独取母亲供养，对母极孝。②釜：古代的一种锅。

【译文】汉代隆虑人郭巨，家境非常贫寒。他有一个三岁的男孩，母亲经常把自己的食物分给孙子吃。郭巨对妻子说："家里贫穷不能很好地供养母亲，孩子又要分食母亲的饭食。不如埋掉儿子吧，节省些粮食供养母亲。"郭巨于是挖坑，当挖到地下三尺多时，忽然看见一小坛黄金，坛子上写着字："上天赐给孝子郭巨的，当官的不得巧取，老百姓不许侵夺。"

啮指痛心

　　周，曾参①，字子舆，事母至孝。参曾采薪山中，家有客至。母无措，参不还，乃啮②其指。参忽心痛，负薪以归，跪问其母。母曰："有客忽至。吾啮指以悟汝耳。"后人系诗颂之，诗曰：

　　　　母指方才啮，儿心痛不禁。

　　　　负薪归未晚，骨肉至情深。

　　【注释】①曾参〔shēn〕，字子舆，春秋时期鲁国人，孔子的得意弟子，世称"曾子"。侍母至孝。②啮〔niè〕：咬。

　　【译文】春秋时期鲁国的曾参，字子舆（孔子的得意弟子，世称曾子），侍奉母亲极其孝敬。（家贫，经常自己入山打柴）一次，曾参又进山砍柴去了，突然家里来了客人找曾子，他母亲不知所措，许久不见曾子归来，她就用牙咬破自己的手指。正在山里砍柴的曾参忽然觉得心口疼痛，便赶紧背着柴返回家中，跪问母亲为什么召唤他。母亲说："家里突然来了不速之客，我咬手指是提醒你快回来。"

卧冰求鲤

晋，王祥①，母丧。继母朱氏不慈，父前数谮②之，由是失爱于父。母欲食鲜鱼。时天寒地冻。祥解衣，卧冰求之。冰忽自解，双鲤跃出，持归供母。有诗为颂，诗曰：

继母人间有，王祥天下无。

至今河上水，留得卧冰模。

【注释】①王祥：字休徵，琅玡临沂人。三国曹魏及西晋时大臣，侍奉后母极孝。②谮〔zèn〕：说别人的坏话，诬陷，中伤。

【译文】晋代琅琊人王祥，表字休征。生母早丧，继母朱氏对他不慈爱，多次在父亲面前说坏话中伤他，因此使他也失去了父爱。继母有次想吃新鲜的活鲤鱼，当时适值天寒地冻，冰封河面。王祥却解开衣服趴在冰上寻找鲤鱼。冰面忽然自行融化了，两条鲤鱼跃了出来，王祥就抓住鲤鱼回家供奉继母。

尝粪忧心

南齐庾黔娄①，为孱陵令，到县未旬日②，忽心惊流汗。及弃官归，时父疾始二日。医曰："欲知愈剧，但尝粪。苦则佳。"黔娄尝之，甜。心甚忧之。至夕，稽颡③北辰，求以身代父死。有诗为颂，诗曰：

> 到县未旬日，椿庭遘疾深。
>
> 愿将身代死，北望起忧心。

【注释】①庾黔娄：字子贞，南朝齐人，新野人也。父易，司徒主簿，征不至，有高名。②旬日：十天。③稽颡〔qǐ sǎng〕：古代一种跪拜礼，屈膝下拜，以额触地，表示极度的虔诚。

【译文】南齐人庾黔娄，任孱陵县令。到孱陵县赴任不满十天，忽然觉得心惊胆战，浑身流汗，（预感家中有事）当即辞官回乡。到家得知父亲病重已经两天了。医生说："要想知道病情好转还是恶化，只要尝一点病人的粪便，味道苦说明是好事。"黔娄于是就去尝父亲的粪便，发现味甜，内心十分忧虑。到夜里，跪拜北斗星，叩头发愿乞求以自身代替父亲去死。

拾葚异器

汉，蔡顺①，少孤，事母至孝。遭王莽乱，岁荒不给，拾桑
〔桑葚〕，以异器盛之。

赤眉贼见而问之，顺曰："黑者奉母，赤者自食。"贼悯其
孝，以白米三斗、牛蹄一只与之。有诗为颂，诗曰：

黑桑奉萱帏，饥啼泪满衣。

赤眉知孝意，牛米赠君归。

【注释】①蔡顺：字君仲，东汉人，以至孝称。

【译文】西汉末年汝南人蔡顺，少年丧父，侍奉母亲非常孝敬。
当时正遭遇王莽篡汉之乱，年景也是荒年，粮食不够吃，只得拾桑
葚果（充饥），并用不同的器皿盛着。（一天）赤眉军（汉末义军，统
治者污为贼）撞见他后就问他道（为什么把红色的桑葚和黑色的桑
葚分开装在两个器皿里？）。蔡顺回答说："黑色熟透的桑葚是供老
母食用，红色未熟的桑葚留给自己吃。"赤眉军为他的孝心感动，送
给他白米两斗、牛腿一只让带回去供奉他的母亲（以示敬意）。

行佣供母

后汉江革^①，少失父，独与母居。遭乱，负母逃难。数遇贼，或欲劫之去。革辄泣告："有母在。"贼不忍杀。转客下邳^②，贫穷裸跣^③，行佣^④以供母。母使身之物，莫不毕给。有诗为颂，诗曰：

> 负母逃危难，穷途贼犯频。
>
> 告知方获免，佣力以供亲。

【注释】①江革：江革，东汉时齐国临淄人，少年丧父，侍奉母亲极为孝顺。②下邳〔pī〕：下邳别称邳国、下邳郡。战国时期，齐威王封邹忌当下邳的成侯，开始称该地为"下邳"。③裸跣〔xiǎn〕：露身赤足。形容无衣履的贫民。④行佣：即做庸工。

【译文】东汉齐人江革，少年丧父，独自与母亲住在一起（侍奉母亲极为孝顺）。不幸遭遇战乱，江革背着母亲逃难。多次遇到匪盗，有的贼人想劫持他入伙，江革就哭着哀告说有老母年迈（无人奉养），贼人见他孝顺就不忍杀他。后来，他辗转迁居江苏下邳，穷困地连鞋子都没有了，便做雇工挣钱供养母亲。母亲所需衣服等，没有一样缺乏的。

扇枕温衾

　　汉，黄香①，年九岁失母，思慕惟切。乡人称其孝。香躬执勤苦，一意事父。夏天暑热，为扇凉其枕席；冬天寒冷，以身暖其被褥。太守刘护表而异之。有诗为颂，诗曰：

　　　　冬月温衾暖，炎天扇枕凉。

　　　　儿童知子职，千古一黄香。

　　【注释】①黄香：字文强，江夏安陆（今湖北云梦）人。东汉时期官员、孝子。他年方九岁时，便知事亲之理，名播京师，号曰"天下无双，江夏黄香"。

　　【译文】东汉江夏的黄香，九岁时母亲去世，终日思念感怀，极其感切，乡党们都称赞他孝顺。他见父亲劳作辛苦，伺候父亲非常尽心。夏天酷热，他就用扇子为父亲扇凉枕席；冬天寒冷，他就用身体为父亲暖热被褥。太守刘护大为惊喜，特意表彰了他。

新辑二十四孝

序一

孝为至德，古之圣帝明王所以经纬天地①者，一言以蔽之曰"孝弟②而已矣"。夫孝弟，闺门③庸行④，而其效可以推之天下者，无它焉，秉彝⑤之良，人皆有之。不能事其亲而能得天下之人心，所未尝有也；能事其亲而不能得天下之人心，亦未尝有也。

然则圣王之治可谓得其本矣。惟道学渊深⑥，非尽人所得而喻，将欲家至而户说⑦之，非有通俗之教育不可。旧传廿四孝图风行乡里，入人甚深。今郭君子心，复为新廿四孝图说⑧，举旧说而更张⑨之，一新耳目。可谓善于立教⑩者矣。异日人心益淳，风俗日厚，将于是乎赖。乃不辞，而为之序。

庚辰仲冬月桐城吴闿生序

大孝从来可格天，古称百行最为先；
那堪万汇摧残后，照眼琳琅读此编。
蘼鞅羁人马着街，柳丝难挽旧征彩；

殷勤至教培根本，始信名家自不凡。

子心监督以新编廿四孝图说见示

敬题二绝　桐城吴闿生并书

【注释】①经纬天地：本指以天地为法度，后来形容经营天下，治理国政。②孝弟：同"孝悌"，孝敬父母、友爱兄弟。③闺门：宫苑、内室的门，借指宫廷、家庭。④庸行：平平常常的行为。⑤秉彝：人心所持守的常道。⑥渊深：涵义广泛精深。⑦家至户说：挨家挨户地解说。⑧图说：兼附图画以助解说。⑨更张：比喻变更或改革。⑩立教：树立教化，进行教导。

【译文】孝道是最高的品德，古时候圣明的帝王能够经营天下、治理国政的原因，用一句话概括，就是"只是孝敬父母、友爱兄弟罢了"。孝敬父母、友爱兄弟，只是家庭中普普通通的行为，它的功效却能够推行到治理天下的过程中，原因没有别的，掌握普通道理的良知，人们都有。不能侍奉自己的双亲却能够得到天下人的拥戴，这个从来没有听说过；能够恭谨地侍奉双亲却无法得到天下人的拥戴，这个也没有听说过。

然而圣明的帝王管理天下可以称得上抓住了本质，只是这种学问涵义广泛而又精深，不是每个人得到就能够理解透彻的，想要挨家挨户地解说，非得有浅近易懂的教育不行。以前流传的《二十四孝图》在乡间非常流行，深入人心。现在郭子心又作了新二十四孝，配图说明，提出了以前的观点，并且改革发展了那些观点，跟以前不一样，让人感到新鲜。这就是善于树立教化的人啊！以后人们的心灵要更加淳朴，民间的风气要更加仁厚，就要依靠这本书了啊。所以我不推辞，为这本书作了序。

序二

世传《二十四孝》一书，广之者有别录，后有《百孝图》《二百册孝图》之作，盖皆关风化文也。吾邑，郭子心亲家为青年子女计，以原书浩繁，不便浏览，爰①择三书中之耐人寻绎者二十四则，书成，属余为之序。

乌虖〔呜呼〕，孝道之不讲也久矣，而其祸莫甚于今日。自国体变更②，上下争攘权利，三十年兵戈③无宁日。人饱私囊，民填沟壑④，治道不入于正轨，竟将四千余载先圣后圣递嬗⑤之道德，屏〔摒〕诸无何有之乡。廉耻丧，伦理乖，彼岂生与人性异耶，殆亦家与国教育之不良耳！

纷乱至此，尚不知其所终极，长此以往，吾恐父不父、子不子、兄不兄、弟不弟，骨肉⑥相残、同类相贼⑦、不尽生人之伦不止也。岂弟〔第、但〕关一国之兴亡已哉！

予心有鉴于此，顾拨乱以返于正⑧，不得不就天之经、地之义⑨而劝以孝，采取旧图，书绘成册，觊人人触目警心，仰追往迹，由身而家，由家而国，太和之气象，胥⑩洋溢于天地间矣。

《论语》以孝弟为为仁之本，孟子言："亲其亲、长其长，而天下平。"其是之谓欤？

辛巳人日清苑退安樊榕并书

时年八十有一

【注释】①爰：于是。②国体变更：指中华民国推翻清政府成立。③兵戈：指战争。④填沟壑：死亡的代称。⑤递嬗：依次更替，逐步演变。⑥骨肉：亲人，至亲。⑦贼：侵害。⑧拨乱反正：消除混乱局面，恢复正常秩序。⑨天之经、地之义：天地间历久不变的常道。⑩胥：全部。

【译文】世间流传《二十四孝》一书，扩展这本书的人有另外记录下来的故事，后来又有《百孝图》《二百册孝图》这样的作品，这些都是有关风俗教化的文章作品。在我的家乡，亲家郭子心为年轻的儿女们作打算，由于原书浩大而繁多，看起来非常不方便，于是挑选出三套书中值得人仔细体会琢磨的二十四篇故事，把书编写完成以后，嘱托我为这本书作序。

唉！世间不讲究孝道已经很久了，但由此带来的祸患没有比现在更厉害的。自从清朝灭亡、民国成立以来，所有的人都忙着争权夺利，三十年来战争没有停止过。官府的人只顾着装满自己的腰包，完全不管百姓挣扎在死亡线上，国家政策没有走上正确的轨道，竟然把四千多年圣人们逐渐形成的优良道德，丢弃到不知什么地方去了。仁义廉耻失去了，伦理道德背离了，他们哪是生下来就跟别人不一样呢，大概是家庭和国家教育没有做好啊。

社会混乱到了这种地步，也不知以后再发展下去会到什么程度，长久地这样发展下去，我怕会出现父亲不像父亲、儿子不像儿子、兄长不像兄长、弟弟不像弟弟的情况啊，至亲的人互相残杀，同类的人互相侵犯，不丧尽人们之间的道德不停止。哪里只关系到国家的兴衰呢！

我因为想到这样的情况，顾念着消除混乱局面，恢复正常秩序，不得不用天地间历久不变的常道来劝导人民遵守孝道，选取采纳了旧有的图画，把它们整理成书。倘若人们看到以后内心里感到警醒，跟以前的古人学习，从自身到一家，从一家到一国，那么太平和乐的气象，就全部充满天地之间了。

《论语》中把"孝悌"作为实行仁政的根本，孟子说"尊敬亲人、长辈就天下太平了"。说的不就是这么一会儿事吗？

序三

洙泗①之门，以孝为至德要道，曰："孝，德之本也，教之所由生也。"曰："老吾老以及人之老。"曰："人人亲其亲、长其长而天下平。"盖自诚意正心以至治国平天下，循始要终，罔不以孝为之基。元郭义祖，性至孝，尝集虞舜以下二十四人孝行之概，序而诗之，用训童蒙，流行于世，几于家喻户晓。坊间继出后《二十四》孝及《女二十四孝》，皆不知何人作。清道光中，高月波别录二十四事，吕默盦取与郭书合刻，题曰《孝行录》。

同光之际，俞诚甫广为《百孝图》，胡虎臣又广为《二百四十孝》，洋洋乎美矣，备矣。御世者苟以是教天下，则龢②风所被，雅攀八纮③，而一之其可矣。第各箸④所采事杂，有帝王且多奇异之行，非常人所易企，而箸事益多，更非童蒙所能胜读。

余忝⑤与义祖先生同姓氏，从政之暇，私淑⑥前贤，爰⑦于吕俞胡诸书中，选录惬心景慕者二十四事，浼⑧木天诸公，人书一则,并嘱吴君镜汀、光宇昆季^⑨,及名画家齐陈王胡诸君,合为之图,以摄影法印而行之,题曰:"新辑二十四孝本"。

　　窃取之义,略加变通,事则录其人人所易效,书画与版拓则务求其善而精,庶几^⑩由书画之工,有以助观者之兴味,而引兴俱深,使世之课蒙教者,既厚培德之源,复博游艺之趣,海内通儒硕德,或不嗤余为迂乎。

庚辰十一月 清苑郭立志子心甫序

【注释】①洙泗:洙泗——孔子讲学,在洙、泗二水之间,因此世人以洙泗为孔子教泽之代称。②龢:同"和"。③八纮:泛指天下。④箸:同"著",作品。⑤忝:辱,有愧于,常用作谦辞。⑥私淑:没有得到某人的亲身教授而又敬仰他的学问并尊之师的,称之为私淑。⑦爰:于是。⑧浼:恳请。⑨昆季:兄弟。⑩庶几:或许可以。

【译文】孔子门下,把孝道作为最高最重要的道德。比如说:"孝道,是德行的根本,王道教化就是由孝产生的。""赡养自己的长辈亲人,也要推及到别人家的老人身上。""每个人都尊敬亲人、长辈就天下太平了。"大概从端正自己的思想到治理国家平定天下,不论大小事,没有不以孝道为基础的。元代郭义祖,天生就非常孝顺,曾经集合了从虞舜开始二十四个人孝顺的大概事迹,作了序和诗,用来教育儿童,后来这部书非常流行,几乎是家家都知道。民间后来又出了《后二十四孝》和《女二十四孝》,都不知道是谁编写的。清代道光年间,高月波另外整理了二十四则故事,吕默盦拿来跟郭义祖的书刊刻在一起，把它题为《孝行录》。

同治、光绪年间，俞诚甫扩展为百孝图，胡虎臣又扩展为二百四十孝，篇幅很长，写得很完善了。在位者如果用这个来教导百姓，那么天下就和平了。天下间再远的地方，用这一样就可以了。但是这些著作采纳的事迹太杂，有的是帝王很奇特的行为，不是一般人能够容易做到的，而且收录的事迹太多，更不是儿童能够读得过来的。

我很惭愧地跟义祖先生同姓，处理政务的间暇，景仰以前的贤人，就从吕默盦、俞诚甫、胡虎臣各位的书中，选取了自己特别敬佩仰慕的二十四则故事，恳请木天诸位先生每个人写一则故事，并嘱托吴镜汀、吴光宇兄弟，以及齐白石、陈半丁、王雪涛、胡佩衡几位著名画家，一起为书画插图，用摄影的法子印刷颁行，在书上题名称为《新辑二十四孝本》。

前辈们的主旨我拿来稍微变通了一点，故事选取的是普通人都容易效仿的，书法图画和版本印刷就务必要求尽善尽美，或许可以因为字画的精美，帮助读者提高兴趣，从而能够体会其中的深意，也希望能够让世间教授启蒙的先生们，加强修养的同时，还可以增加赏玩的趣味。四海之内知识广博、品德高尚的人们，也许就不会笑我太迂腐了。

至性格亲

汉薛包①，好学笃行。父娶后妻而憎②包，分出之。包日夜号泣，不能去，至被殴杖。不得已，庐③于舍外，且入而洒扫，父怒，又逐之。乃庐于里门④，昏晨不废。积岁余，父母惭而还之。后服丧过哀。既而弟子求分财异居，包不能止，乃中分其财。奴婢引其老者，曰："与我共事，久若不能使也。"田庐取其荒顿⑤者，曰："吾少时所理，意所恋也。"器物取朽败⑥者，曰："我素所服食，身口所安也。"弟子数破其产，辄⑦复赈给⑧。

失欢无计释亲疑，庐外瞻依未忍离。

不废晨昏终感悟，岁余还入奉严慈。

庚辰十月江安傅增湘书于藏园，时年六十有九

【注释】①薛包：东汉汝南人，汉安帝时著名孝子。②憎：厌恶。③庐：茅屋。④里门：闾里的门。古代同里的人家聚居一处，设有里门。⑤荒顿：荒废。⑥朽败：腐朽破旧。⑦辄：总是。⑧赈给：救济施与。

【译文】汉朝的时候，有一个名为薛包的大孝子，他喜好学习圣贤教诲，并努力落实，（他很小的时候，亲生母亲就去世了）他的父

亲就又娶了一房妻子，就有点厌恶薛包，不想抚养他了。薛包于是日夜都哭泣，不忍心离开家，以至被父亲杖责。最后没有办法了，他就在家外搭了一个茅草棚。一到天亮，就回家打扫卫生，他的父亲很愤怒，又把他驱逐出家里了。他只好到里巷口搭了一个茅草棚，依旧坚持对父亲的晨昏定省的问候。这样做了一年多以后，他的父亲和继母都感到无比的惭愧，就让他回家里住了。后来，他的父亲和继母相继去世，他依照礼节服丧，非常哀弃。后来，他的弟弟要求把家里的财产分掉大家各自居住，薛包苦苦相劝都不能打消弟弟的想法，于是只要按照几份把家财均分了。只是他自己情愿吃亏。他把年老的奴婢带回自己家，说："和我共事久了，你不能使唤。"田地和房屋选取其中荒废的，说："这些是我从小就打理的，我心里非常怀念。"家中的器物都选择那些腐朽破旧的，说："这些是我平时穿着、食用过的，穿起来、吃起来心里舒坦。"兄弟分家以后，他的弟弟不善于经营家业、生活奢侈，几次都到了破产的地步，薛包总是每次都救济弟弟。

（薛包对弟弟如此的友爱，于是孝亲的名声四处远扬。他后来被荐举任用为侍中，成为皇帝身边的亲信。一直到薛包年老因病不起，皇上才下诏赐准他告老回乡，对他更为尊敬和礼遇，他活了八十多岁，最后善终。）

拔剑拒劫

汉朱晖①，字文季，南阳宛人也，家世衣冠②。晖早孤，有志气。昔时天下饥乱，晖年十三，与家属奔宛城。道遇群贼，白刃③劫诸妇女，略④夺衣物。昆弟⑤宾客皆惶怕，伏地莫敢动。晖拔剑前曰："财物皆可取耳，诸母衣不可得。今日朱晖死日也！"贼见其小，壮⑥其志，笑曰："童子内⑦〔纳〕刀。"遂舍去。

> 遇贼众皆挠，朱晖气独豪。
> 大言诸母在，群贼敢污刀。

八十叟章梫

【注释】①朱晖：东汉南阳人，光武帝时期著名孝子。②衣冠：代称缙绅、士大夫。③白刃：指锋利的刀。④略：同"掠"，抢掠。⑤昆弟：兄弟。⑥壮：以……为壮。⑦内：同"纳"，收起。

【译文】汉代的朱晖，字文季，是南阳人，家中世代都是高官。朱晖很早的时候父亲就去世了，但他很有志气。以前的时候天下动乱，饥荒到处都是，那时候朱晖十三岁，跟家眷逃往宛城。路上遇见一群盗贼，拿着锋利的刀劫持妇女，抢夺衣服财物。朱晖的兄弟和几个客人都非常害怕，趴在地上不敢动弹。朱晖拔出剑来迎上前去说："财物你们都可以拿走，几位伯母叔母们的衣服不能动，今天我要以死相拼！"盗贼们看到他很小，觉得他很有胆气和志气，就笑着说："小孩子，把刀收起来吧！"于是就离开他们走了。

烹鸡奉母

汉茅容①，字季伟，陈留人。年四十余，耕于野。时与等辈②避雨树下，众皆夷居③〔踞〕相对，容独危坐④愈恭。郭林宗行见⑤而奇之，曰："吾友也。"遂与共言，因请寓宿。旦日，容杀鸡为馔⑥，林宗谓为己设，既而⑦尽供其母，自以草蔬⑧与客同饭。林宗起拜之，曰："卿贤乎哉！"因劝⑨令学，卒⑩以成德。

　　杀鸡为馔独供亲，饭客园疏自乐贫。

　　敬服孝思相友善，劝令笃学更求仁。

八十四叟江阴夏孙桐书

【注释】①茅容：东汉陈留人（今河南省开封市陈留镇）。②等辈：这些人，这一类人。③夷居：指箕踞，形容傲慢无礼，这里指随意。④危坐：端正地坐着。⑤行见：经过的时候看见……⑥馔：饮食，吃喝。⑦既而：不久，一会儿。⑧草蔬：粗糙的蔬菜食物。⑨劝：勉励。⑩卒：最后，最终。

【译文】东汉的茅容，字季伟，是陈留人。茅容四十多岁的时候，有一天跟别人一起在田野里耕种。天上忽然下起雨来，他就跟这些人一起到树下避雨，众人都坐得比较随便，只有茅容端正、恭敬地坐着。郭林宗〔东汉著名学者、思想家及教育家〕经过的时候看到这样的情况觉得很奇怪，说："这个人可交。"就跟他搭话，请求晚上住在他家里。第二天，茅容杀鸡做饭，郭林宗以为他是为自己准备的，然而过了一会儿，茅容把鸡肉都奉给了母亲，自己跟客人一起吃简单的蔬菜。郭林宗起身对茅容行礼，说："您真有贤德啊！"于是勉励他读书，最终成为一个品行高尚的人。

言不称老

汉胡广^①，字伯始，南郡华容人。少孤贫，举孝廉，历官司徒，进太傅，录尚书事。时年已八十，而心力克壮^②。继母在堂，朝夕瞻省^③，旁^④〔傍〕无几杖，言不称老。及母卒，居丧尽哀，率礼无愆^⑤。广性恭逊，明解朝章。虽无謇直^⑥之风，屡有补阙^⑦之益。故京师为之谚曰："万事不理问伯始，天下中庸有胡公。"

恒言不称老，八十古尤稀。

继母方隆养，晨昏礼不违。

庚辰立冬后三日 季符张怀信，时年七十有三

【注释】①胡广：东汉南郡华容（今湖北监利）人，历事东汉的安帝、顺帝、冲帝、质帝、桓帝、灵帝。②克壮：宏大，强盛。③瞻省：问候，看望。④旁：同"傍"，依靠。⑤率礼无愆：遵循礼法不敢有过失。⑥謇直：正直。⑦补阙：弥补缺失。"阙"同"缺。"

【译文】东汉的胡广，字伯始，是南郡华容人。小的时候他孤苦贫寒，长大以后因为孝顺廉洁被推举为官，先后做过司徒、太傅、尚

书。那时候胡广已经快八十岁了，但精神和体力都很好。继母还健在，每天他早晚都要去问候，并不依靠坐几和拐杖，也不说自己年老。等到继母去世，守孝的时候极尽哀伤，遵循礼法，不敢有丝毫过失。胡广的性格比较恭敬谦逊，熟知朝廷的规章制度，虽然没有正直的风骨，但经常能够弥补别人的缺失。所以京师中有这样一句谚语来描述他："万事不理问伯始，天下中庸有胡公。"

夜绩养姑

汉陈孝妇①，年十六而嫁，未有子。夫当行戍②，临别嘱妇曰："我生死未可知，今有老母，无他兄弟备养，吾不还，汝肯养吾母乎？"妇应诺。夫果不还。妇日夜纺绩③以养姑。后其父母哀其少而无子，将嫁之，妇曰："夫去时，嘱代供养其母。既许诺之而不信，将何以自立？"欲自杀，父母惧而止。后姑八十余而终，尽卖其田宅以葬之，没身④奉祀。淮阳太守以闻，使赐黄金四十斤，号称"孝妇"。

轧轧机声日夜连，葬姑卖尽旧庐田。

称名孝妇原非易，两泪孤灯数十年。

庚辰冬日俞陛云书 年七十有三

【注释】①陈孝妇：汉朝陈州(今河南淮阳)人。②行戍：赴戍役，指去往边关服役。③纺绩：纺丝缉麻。④没身：终身。

【译文】汉代有一位姓陈的孝妇，十六岁嫁人，还没有孩子。丈夫要去边关服役，临走之前嘱咐她："我的生死不能预测，现在母亲上了年纪，我又没有别的兄弟来赡养母亲，如果我回不来，你肯不肯照顾我的母亲？"陈氏答应了。丈夫去后，果然没有回来。陈氏每天日夜纺丝缉麻来养活婆婆。后来，陈氏的父母怜惜她年轻又没有孩子，想要让她再嫁。陈氏说："丈夫离开的时候，嘱托我替他供养母亲，已经答应了人家却不守信用，以后自己凭什么活着呢？"说完想要自杀。父母害怕她自杀，就终止了这件事。后来，婆婆活到八十多去世，陈氏把田产都卖了来办丧事，并且终身供奉祭祀。淮阳太守听说了这件事，派人送给她四十斤黄金，并称她为"孝妇"。

上书赎父

汉太仓令淳于意有女五人而无男。孝文皇帝时，意有罪当刑。是时肉刑①尚在，诏狱②系长安，当行③会逮④，意骂其女曰："生女不生男，缓急非有益。"少女缇萦悲泣，随其父至长安，上书曰："妾父为吏，齐中皆称廉平，今坐法⑤当刑。妾伤夫死者不可复生，刑者不可复属，虽⑥欲改过自新，其道无由也。妾愿入身为官婢，以赎父罪，使得自新。"书奏，天子怜悲其意，诏释意罪，并除⑦肉刑。

> 愿充官婢赎亲刑，慷慨陈词叩阙廷。
>
> 缓急谁云非有益，男儿犹愧女缇萦。

张启后书

【注释】①肉刑：残害肉体的刑罚，古代指墨、劓、剕、宫、大辟等。②诏狱：奉旨办理的案件。③当行：应官府之差。④会逮：依据文书接受逮捕。⑤坐法：犯法获罪。⑥虽：即使。⑦并除：摒弃、废除。

【译文】西汉时期太仓令淳于意有五个女儿没有儿子，孝文帝的时候，淳于意犯了法应受到惩罚。那个时候肉刑还存在，皇帝命令押解往长安。官差来逮捕他的时候，淳于意骂几个女儿："生女儿不生儿子，有了急事也没有一点用处！"小女儿缇萦一直哭泣，跟随着父亲来到长安，上书给文帝说："我的父亲做官，齐国之内都称赞廉洁公平，现在犯法应该受到刑罚。我为处死的人不能再复生、受刑的人不能再复原而感到悲伤。犯法的人即使想要改正错误，重新做人，也没有办法了。我愿意卖身做官婢，来弥补父亲的罪过，让他改正错误。"奏报上去以后，文帝怜悯她的心意，下令赦免了淳于意的罪过，废除了肉刑。

兵乱守母

魏司马芝①字子华, 河内温人也。少为书生, 避乱荆州, 于鲁阳山遇贼, 同行者皆弃老弱走, 芝独坐守老母。贼至, 以刃临②芝, 芝叩头曰: "母老, 唯在诸君!" 贼曰: "此孝子也, 杀之不义。" 遂得免害。太祖平荆州, 以芝为管长, 迁广平令。

兵乱正苍黄, 奔逃老弱伤。

芝能坚守母, 贼亦善刀藏。

庚辰初冬 达寿

【注释】①司马芝: 三国时期魏国河内郡温县 (今河南温县) 人。②临: 挨着, 靠近。

【译文】魏国司马芝, 字子华, 河内郡温县人, 年轻的时候是个书生, 去往荆州躲避战乱。在鲁阳山碰到强盗, 一起赶路的人都抛下老人小孩逃走了, 司马芝独自死守着年迈的母亲。强盗赶上他们, 拿刀刃指着司马芝, 司马芝对着他们磕了个头, 说: "我母亲年纪大了, (养老、将来送葬的事情) 只有依靠诸位了!" 强盗们说: "这人是个孝子, 杀了他不讲道义。" 于是, 司马芝和母亲就免于被害。太祖皇帝曹操平定荆州后，任命司马芝为管长，后来又调到广平作县令。

立吮乳痈

北周柳霞①，字子升，河东解人。有至性，初为州主簿，其父卒于扬州，霞自襄阳奔赴，六日而至，毁瘁②不可识。及奉丧西归，中流风起，舟人失色。霞抱棺哀号，风止浪息。其母尝乳间发疽，医云："病无可救之理，唯得人吮脓，或望微③止其痛。"霞应声即吮，旬日④遂瘳⑤。咸以为孝感所致。

吮痛瘳母病，乳哺婴儿性。

赤子大人心，柳霞真可敬。

易水陈云诰书 时年六十又三

【注释】①柳霞：南北朝时期北周河东解县（今山西运城）人。②毁瘁：指因劳苦而憔悴。③微：稍稍。④旬日：十来天。⑤瘳：病愈。

【译文】北周的柳霞，字子升，河东解县人。他天生就有卓绝的品性，开始的时候，他在做雍州的主簿，父亲在扬州逝世，柳霞从襄阳奔丧，用了六天就到了，（到了的时候已经）憔悴得人们都认不出来了。等到带着父亲的灵柩往家乡走，船到河流中刮起了大风，船家都吓得变了脸色。柳霞抱着棺椁哀伤痛哭，风浪渐渐地停止了。他的母亲曾经胸口长毒疮,大夫说:"这种病没有救治的法子了,只有让人吮吸脓血,也许能稍微缓解一下疼痛。"柳霞随即就吮吸脓血,过了十来天,母亲的病就好了。人们都认为他母亲的病是被柳霞的孝感动才康复的。

护兄感母

晋王祥①弟览，字符通。母朱氏，遇②祥不慈。览年四岁，见祥被挞③，辄流涕抱护。及长，朱虐使祥妻，览妻亦往。祥渐有时誉④，朱益恶之，乃酖⑤祥。览知取饮，祥固争之，不与。朱恐览饮，急倾去。自后每食，览必先尝，坐卧必同处。朱感而悔，爱祥如爱览。

岂独全兄孝，兼能感母慈。

乘舟空泛泛，堪叹卫风诗。

李端棻书 时年其实有二

【注释】①王祥：历汉、魏、晋三代，先后任县令、大司农、司空、太尉、太保等职。生母早逝，事后母至孝，民间流传"二十四孝"中有王祥卧冰求鲤故事。②遇：对待。③挞：用鞭棍等打人。④时誉：时人的称誉。⑤酖〔zhèn〕："鸩"的异体字，用毒酒害人。

【译文】晋代王祥的弟弟王览，字符通。母亲朱氏，对待王祥非常不好。王览四岁的时候，看到王祥被责打，就哭着过去抱住哥哥保护他。等到长大后，每当母亲虐待、使唤王祥的妻子，王览的妻子也过去。王祥逐渐得到人们的赞誉，母亲越发讨厌他，就想用毒酒害死他。王览知道这件事，就想把毒酒拿过来喝，王祥执意争夺，不给王览。朱氏怕王览喝到毒酒，急忙倒掉了。从那以后，每一顿饮食，王览一定要先尝过，日常起居也必定要在一起。最后朱氏感动了，也悔过了，疼爱王祥跟疼爱王览一样。

乞食供亲

唐李道彦，高祖从父弟①神通②长子也。幼而事亲甚谨。初，义师③起，神通逃难，被疾④于山谷，县〔绵〕历数旬，山中食尽。道彦着故弊衣⑤，出人间乞丐，及采野实，以供其父，身无所噉⑥。其父分以食之，辄诈言已噉，而覆藏留之，以备阙乏。及神通应义举，授朝请大夫。高祖受禅⑦，封胶东王，授陇州刺史。后丁父忧，庐于墓侧，负土成坟，躬植松柏，容貌哀毁，亲友皆不复识之。

避乱栖山谷，日久无饘粥。

人间乞丐回，备之仍枵腹⑧。

庚辰秋九月　伯英文斌

【注释】①从父弟：堂弟。②神通：指李寿，字神通，唐朝宗室。③义师：指李渊的军队。④被疾：指疾病缠身。⑤弊衣：弊同敝，破旧的衣服。⑥噉：同"啖"，吃。⑦受禅：王朝更迭，新皇帝承受旧帝让给的帝位，这里指李渊当了皇帝。⑧枵腹：空腹，谓饥饿。

【译文】唐代李道彦，是高祖李渊的堂弟李神通的长子，小时候就对亲人特别恭谨。开始的时候，高祖的军队起事，李神通在长安。高祖起兵后受连累，不得不出走逃难，在山中生了病，过了几十天，山中的食物耗尽了。李道彦穿上以前破旧的衣服，到有人的地方乞讨食物，也去林中采摘果实，来供养他的父亲。身边没有吃的东西，父亲分给他一些，就骗父亲说已经吃过了，却把食物偷偷藏起来，为食物缺乏的时候做准备。等到李神通顺应高祖的义举被授予朝请大夫、高祖当了皇帝的时候，李道彦被封为胶东王，被授予陇州刺史。后来，李道彦为父亲守孝，在父亲墓的一边建造草庐，自己背负土堆砌成坟，亲自种植松树和柏树，容貌因为过度哀伤和劳累而非常憔悴，亲友们几乎都认不出来了。

忠孝尽礼

唐郭曜，华州郑县人，中书令子仪^①长子也。性孝友廉谨。子仪出征于外，留曜治家，少长千人，皆得其所。诸弟争饰池馆，盛其车服，曜以俭朴自处。累迁至太子宾客。建中初，子仪罢兵柄，乃遍加诸子官，以曜为太子少保。子仪薨^②，曜遵遗命，四朝所赐名马珍玩，悉皆上献，德宗复赐之，曜乃散诸昆弟。曜居丧得礼，若儒家子，服未阕寝疾^③，或劝其茹葱薤^④，曜竟不属口。

珍玩献君王，池馆任昆弟。

寝疾不茹葱，勋贵能守礼。

龚元凯书 时年七十有一

【注释】①子仪：指唐朝大将郭子仪。②薨：古代称诸侯或有爵位的大官死去。③寝疾：卧病。④葱薤：葱和薤菜，薤白可入药。

【译文】唐代郭曜，华州郑县人，是中书令郭子仪的长子，天性孝顺友爱廉洁恭谨。郭子仪在外面出征打仗，把郭曜留下管理家务，老老少少有一千人，都能够得到恰当的安排。他的弟弟们争相装饰池苑馆舍，把马车和衣服装点得很华丽，郭曜始终以俭朴要求自己。他多次升迁，官至太子宾客。唐德宗建中初年，皇帝解除了郭子仪的兵权，把他几个儿子都封了官，任命郭曜为太子少保。郭子仪死后，郭曜遵从父亲遗命，把郭家历经四朝皇家赏赐的名马、珍宝古玩都献给朝廷，德宗又赏赐给他，郭曜分给各位弟弟。郭曜守丧的时候像儒家弟子一样遵循礼仪，服丧还没满期的时候他生病了，有人劝他吃葱薤治病，郭曜最终也没有吃。

七岁代父

唐李安期，定州安平人，宗正卿①百药②子也。七岁时，百药为隋炀帝所贬，赴桂州，遇盗，将加以刃③。安期跪泣请代，盗哀而释之。贞观中，为主客员外郎。高宗即位，迁中书舍人。

七岁远从行，长途遇盗惊。

兵将加父颈，儿敢惜激生。

遁闇张书云

【注释】①宗正卿：官名，掌管皇帝亲族或外戚勋贵等有关事务之官。②百药：李百药，字重规，唐朝定州安平（今属河北）人，政治家，史学家，曾编修《北齐书》。③加以刃：以刃加之，指用刀杀。

【译文】唐代李安期，定州安平人，是宗正卿李百药的儿子。他七岁的时候，李百药被隋炀帝贬官，去往桂州，路上遇到强盗，强盗要杀他。李安期跪在地上哭泣，请求代替父亲死，强盗哀叹他的孝而把他们放了。贞观年间，李安期做了主客员外郎，高宗即位后，又做了中书舍人。

冒刃保姑

　　唐卢氏者，郑义宗之妻也。略涉书史，事舅姑^①甚得妇道。尝夜有强盗数十人，持杖鼓噪，逾垣^②而入，劫其家，家人皆逃匿，惟有姑年老，不能去。卢氏乃冒^③刃立于姑侧，被贼笞击几死，不避。姑曰："岁寒然后知松柏之后凋也，信然！"及贼去后，家人问："何独不惧？"卢氏答曰："凡人所以异于禽兽者，以其有仁义也。吾闻邻里有急，尚相赴救，况在于姑，而可委弃^④乎！若万一危祸，岂宜独生耶！"

　　臧获^⑤撄^⑥凶各自全，蛾眉冒刃独争先。

　　人禽辨定忘生死，义护衰姑志不迁。

　　　　　　　　　　　　　贵阳邢端　时年五十有八

　　【注释】①舅姑：公婆。②逾垣：翻越墙头。③冒：不顾，顶着。④委弃：弃置，丢弃。⑤臧获：古代对奴婢的贱称。⑥撄：触。

　　【译文】唐代卢氏，是郑义宗的妻子。她稍微看过一些书，侍奉公婆非常恭敬。有一次晚上，数十个强盗拿着棍棒，哄闹着翻越墙头进入他们家中抢劫。家人们都逃走藏起来了，只有婆婆年纪大了，行动不方便。卢氏不顾强盗的刀剑站在婆婆身边，被强盗拷打，差点死去，却还是没有逃避。婆婆说："天气冷了，才知道松树和柏树是最后落叶的，确实是这样啊（只有到了危难的时候，才知道谁是真正孝顺的）！"等强盗们离开后，家人问卢氏："为什么你不怕他们呢？"卢氏回答说："大凡人跟禽兽不一样，是因为人的心中有仁义道德的存在。我听说邻居家有急事，咱们尚且应该去帮助他们，何况事情发生在婆婆身上，怎么能弃她不顾呢？如果万一发生危险，难道我应该独自逃生吗？"

肩舆雪行

　　唐张策, 字少逸, 河西敦煌人。少聪悟好学, 召拜^①广文馆^②博士。邠州王行瑜^③辟^④观察支使。李克用^⑤攻王行瑜, 策与婢肩舆^⑥其母东归, 行积雪中, 行者怜之。华州韩建^⑦辟为判官, 建徙许州, 以为掌书记, 建遣策聘^⑧于朱全忠, 全忠见之曰: "张夫子至矣。"遂留以为掌书记, 荐于朝, 累拜翰林学士。

　　　　奉母逃兵乱, 肩舆走雪中。
　　　　事亲能竭力, 学士几人同。

　　　　　　　　　静海高毓浵书 年六十四

　　【注释】①召拜: 任命。②广文馆: 官署名。唐玄宗天宝九年(750年)于国子监置, 领附监修进士业者, 有博士、助教等官。③王行瑜: 唐末将领。邠州(今陕西省彬县)人。④辟: 指授予官职。⑤李克用: 唐末、五代初的著名军事统帅, 生前称晋王, 其子李存勖建后唐时, 追尊为后唐太祖。⑥肩舆: 用肩舆抬。⑦韩建: 字佐时, 河南许昌人。唐末割据军阀, 以勤政爱民流名后世。⑧聘: 访问。

　　【译文】唐代张策, 字少逸, 是河西敦煌人。小的时候聪明有悟性，爱好学习，长大后被任命为广文馆博士。（后来）邠州王行瑜授予他观察支使的职务，李克用攻打王行瑜，张策跟婢女一起用肩舆抬着母亲往东边走，走到积雪中也不肯放下来，路过的人都很敬重他。后来在华州韩建属下做判官，韩建迁到许州后，任命他为掌书记。韩建派他去访问朱全忠，朱全忠见到他就说："张夫子来啦！"于是就把他留下做掌书记，后来又推荐给朝廷，几次升迁到翰林学士。

济母置儿

梁^①王元规，字正范，太原晋阳人也。八岁而孤，随母依舅氏往临海郡。从吴兴沈文阿^②受业，遂博通经传。元规事母甚谨，晨昏未尝离左右。时山阴县有暴水，流漂居宅，元规唯有一小船。以人多，不能悉载，留其男女三人，阁^③于树杪^④。仓卒引母妹并孤侄入船，元规自执楫棹而去。及水退获全，时人皆称其至行。元规仕梁为宣城王记室参军。历陈为国子祭酒^⑤，至隋杂^⑥于东阁^⑦祭酒。

大水忽奔流，吴船母妹浮。

树顾儿女阁，顺位连天休。

叶尔恺 时年七十有七

【注释】①梁：中国历史上南北朝时期南朝的第三个朝代，都城在建康（今江苏南京）。②沈文阿：字国卫，吴兴武康人，察孝廉，为梁临川王国侍郎，累迁兼国子助教、《五经》博士。③阁：同"搁"，放置。④树杪：树枝的细梢。⑤国子祭酒：古代主管国子监或太学的教育行政长官，相当于现在的大学校长。⑥杂：混合。⑦东阁：古代称宰相招致、款待宾客的地方。

【译文】梁朝王元规，字正范，是太原晋阳人。八岁的时候他父亲就去世了，跟着母亲依附舅舅们去往临海郡，跟随吴兴沈文阿学习，于是广泛地通晓儒家经典。王元规侍奉母亲非常恭谨，早晨傍晚都在旁边伺候。那时候山阴县发洪水，洪水淹没住宅，王元规只有一条小船，因为人多，没法都装下。于是他把自己的三个孩子留下，安置在树梢，匆匆带着母亲、妹妹和侄儿上船，直接拿起船桨把船划走了。水退以后，全家得以保全。当时的人们都称赞他的高尚品行。王元规在梁朝做宣城王记室参军，在陈朝做国子监祭酒，到了隋朝则兼任东阁祭酒。

追贼救母

魏鲍出①，字文才，京兆新丰人。少游侠，三辅②饥乱，出留母守舍，与兄弟五人相将行採③蓬实④，合得数升，使其二兄初、雅及其弟成持归，为母作食，独与小弟在后採蓬。

初等到家，而贼已略⑤其母，以绳贯⑥其手掌，驱去。须臾，出到，欲追贼。兄弟皆云："贼众，当如何？"出怒曰："有母而使贼将去煮啖⑦，用活何为？"乃独追及贼。贼望见出，乃共布列待之。出到，斫杀四五人。贼走，复合聚围出，出跳越围斫之，又杀十馀人。贼问出："卿欲何得？"出指其母以示之，贼乃解还出母。比舍妪⑧独不解，遥望出求哀。出复斫贼，贼曰："已还卿母，何为不止？"出又指求哀妪："此我嫂也。"贼复解还之。出得母还，遂相扶持，客南阳。

建安五年，出北归，而其母不能步行，兄弟欲共舆⑨之。出以舆车历山险危，不如负之安稳，乃以笼盛其母，独自负之，到乡里。乡里士大夫嘉其孝烈，欲荐州郡，郡辟召⑩出，出曰："田民不堪冠带。"至青龙中，母年百馀岁乃终，出时年七十馀,行丧如礼。

力战追还母,归来仍独负。

朝廷得此人,早已歼群丑。

庚辰十月杭县吴雷川敬录 时年七十

【注释】①鲍出:汉末时期新丰人,天生魁伟,生性至孝。②三辅:本指治理京畿地区的三位官员,京兆尹、左冯翊、右扶风为三辅,后指这三位官员管辖的地区,辖境相当于今陕西中部。③採:同"采"。④蓬实:一种植物的子实。⑤略:同"掠"。⑥贯:捆绑串联起来。⑦啖:吃。⑧比舍姬:邻居家的妇人。⑨舆:车辆。⑩辟召:征召。

【译文】汉末时期魏国的鲍出,字文才,是京兆新丰人,年轻的时候为人非常侠义。三辅地区发生饥荒暴乱,鲍出让母亲留下看家,带领哥哥弟弟,一共五个人,一起去采摘蓬实。一共采集了几升,鲍出让两个哥哥鲍初、鲍雅和弟弟鲍成拿回去给母亲做饭,自己跟小弟弟在后面继续采摘。

鲍初等人回来后,发现贼人已经抢劫了家里,并用绳子绑着母亲的手,驱赶着母亲离开了。过了一会儿,鲍出回来了,想要去追贼人救回母亲。哥哥弟弟们都说:"贼人众多,应该怎么办呢?"鲍出生气地说:"母亲都让贼人抓走要去煮了吃了,咱们还活着干什么?"于是他独自去追击贼人。贼人看见他,一起排下阵势等着他。鲍出到了以后,砍死了四五个人。贼人四散逃走,又聚在一起围攻鲍出。鲍出跳出包围圈砍他们,又杀了十几个人。贼人就问鲍出:"你到底想要什么?"鲍出向他们指了指母亲,贼人赶紧把鲍出的母亲放了。

邻居家的妇人也被贼人抓了，远远地望着鲍出，目光里露出哀求的神色。鲍出又砍杀贼人，贼人说："我们已经把你的母亲放了，你为什么还不停止杀人？"鲍出又指了指求救的妇人说："这是我的嫂子。"贼人又把邻居家的妇人放了。鲍出救回了母亲，就扶着母亲回去了。后来他们家迁到了南阳。

建安五年，鲍出一家要回到北方去，但母亲的脚不能走路，鲍出的哥哥弟弟想一起用车拉着母亲。鲍出认为车辆经过山区的时候比较危险，不如背着安全稳当，就请母亲坐在笼子里，自己背着，回到了家乡。家乡的士大夫为了表彰他的孝顺，想推荐他到州郡里，郡守征召他去做官，鲍出说："我只是一个种田的老百姓，不敢穿戴整齐了去做官。"到魏明帝青龙年间，他的母亲活了一百多岁才去世，鲍出那时候七十多了，还是按照礼仪认真为母亲办丧事，一丝不苟地守孝。

为亲茹素

宋郭琮，事母极恭顺。居常①不过中食②，绝饮酒茹③荤者三十年，以祈母寿。母年百岁，耳目不衰，饮食不减，乡里异之。至道三年，诏书存恤孝悌，转运使状④琮事以闻，有诏旌表⑤门闾⑥。明年，母无疾而终。

断酒除荤久自持，为祈母寿过期颐。

有司状事闻天子，诏旌荣哀表孝思。

商衍瀛书

【注释】①居常：平时，经常。②中食：中饭。③茹：吃。④状：陈述，描绘。⑤旌表：古代对忠孝节义表彰的一种方式，对义夫、节妇、孝子、贤人、隐逸以及累世同居等大加推崇，一般由地方官申报朝廷，获准后则赐以匾额，或由官府为造石坊，以彰显其名声气节。⑥门闾：家门，门庭。

【译文】宋代的郭琮，对母亲极为恭敬孝顺，日常过了中饭就不吃东西了，三十年不喝酒吃肉来祈求母亲长寿。他的母亲到一百岁的时候，耳朵、眼睛都还很好，饮食也没有减少，家乡的人都觉得很奇怪。至道三年，朝廷颁布诏令慰问忠孝友悌的人，转运使把郭琮的事迹陈述给朝廷，朝廷下令赏赐旌表，挂在他家的门庭上。第二年，郭琮的母亲没有生什么病就去世了。

执劳兢业

宋谢瞻，字宣镜，陈郡阳夏人，卫将军晦①之弟也，幼有殊行②。年数岁，所生母郭氏，久婴③痼疾④，晨昏温清⑤，和药捧膳，不阙一时，勤容戚颜⑥，未尝暂改。恐仆役侍疾懈倦，躬⑦自执劳。为母病畏惊，行必微践⑧。一家尊卑，感瞻至性，咸纳履⑨而行，屏气而语，如此者十馀年。

母病惧微惊，闺帏纳履行。

一家咸感动，十载肃无声。

张海若写

【注释】①卫将军晦：指谢晦，南朝刘宋大臣。②殊行：卓异的操行。③婴：缠绕。④痼疾：指病症顽固、牵延不愈。⑤晨昏温清：是冬温夏清、昏定晨省的简称。冬天温被，夏天扇席，晚上侍候睡定，早晨前往请安。表示侍奉父母无微不至。⑥戚颜：忧伤的容颜。⑦躬：亲自。⑧微践：步履很轻。⑨纳履：这里指提着鞋子。

【译文】南北朝时期刘宋的谢瞻，字宣镜，是陈郡阳夏人，是卫将军谢晦的弟弟，小的时候就有卓异的操行。几岁的时候，他的生母郭氏，长年被顽固的疾病缠身。而谢瞳早晚无微不至地侍奉起居，侍奉母亲喝药、吃饭，一天也不会忘记。勤恳的样子和为母亲生病而忧伤的神色一刻也没有变过。他担心仆人护理母亲的时候懈怠，就亲自伺候母亲。因为母亲的病怕惊吓，他走路就一直步履很轻。家中所有的长辈晚辈为他的品性所感动，都提着鞋子走路，屏住呼吸、小声地说话，像这样过了十多年。

锡类博施

宋查道，字湛然，事母以孝闻。母尝病，思鳜羹，方^①冬苦寒，道泣祷于河，凿冰取之，得鳜尺许以馈^②，又刺臂血写佛经，母疾寻^③愈。逭官右司郎中，出知虢州，岁歉^④，出积廪米^⑤赈之，又设粥糜^⑥以救饥者，所全活万余人。平居禄赐所得，辄散施亲族。与人交，多所周给^⑦。深信内典^⑧，居多茹素，尝梦神人谓曰："汝位至正郎，寿五十七，而享年至六十四。"论者以为积善所延也。

刺血书经母病瘥，博施锡^⑨类致延年。

古今大善归纯孝，人定由来可胜天。

庚辰秋日 潘龄皋书 时年七十有四

【注释】①方：正当。②馈：进献，进食于人。③寻：很快，不久。④歉：收成不好。⑤廪米：公家发给的粮食。⑥粥糜：煮米使糜烂，这里指粥。⑦周给：接济。⑧内典：指佛经。⑨锡：通"赐"，给予，赐给。

【译文】北宋时期的查道，字湛然，因为侍奉母亲很孝顺而闻名。母亲曾经生病了想吃鳜鱼羹，那时候正当冬天，天气非常寒冷，查道在河边哭泣祈祷,凿开河面的冰打鱼,得到一条一尺来长的鳜鱼,进献给母亲。他又刺破手臂,用鲜血抄写佛经,母亲的病不久就好了。退让右司郎中的官职,出任虢州的知州。有一年粮食歉收,他拿出官府粮仓里积攒的粮食赈济百姓,又设立了粥棚来救济人民,救活了一万余人。他平时所得的俸禄,分散给亲戚族人,与人交往的时候,也经常接济别人。他很相信佛经,平时饮食大多吃素,曾经梦见神人对他说:"你能坐到正郎的位子,寿命有五十七年,但能活到六十四岁。"人们认为是他积德行善才延续了寿命。

仕不离亲

宋葛书思，字进叔，江阴人。太常博士密子也，第①进士调建德主簿。时密已老，欲迎养之②官，密难之。书思曰："曾子一日不忍去亲侧，岂以五斗移素志③哉？"遂投劾④归养十年余。近臣表其志行，以为泗州教授，弗就。密不得已，许以他日偕行，始乞监新市镇，后仕朝奉郎⑤。居丧，哀毁骨立⑥，盛暑不释粗麻，终禫⑦不忍去冢舍。

禄仕或缘贫，非贫忍去亲。

十年依膝下，悟否远游人。

庚辰小春郭则沄书 时年五十有九

【注释】①第：科举考试及格的等次。②之：去，往。③素志：平素的志愿。④投劾：呈递弹劾自己的状文，是古代弃官的一种方式。⑤朝奉郎：官名。⑥哀毁骨立：形容在父母丧中因过度悲伤而瘦得只剩一把骨头。⑦禫〔dàn〕：古代除去孝服时举行的祭祀，这里指居丧时期。

【译文】宋代的葛书思，字进叔，是江阴人，太常博士葛密的儿子，考上进士以后任建德县主簿。那时候葛密已经年老，葛书思想迎接父亲去做官的地方养老,葛密觉得有点困难。葛书思就说:"曾子一天也不忍心离开亲人身边,我怎么能为五斗米改变我平素的志愿呢?"于是他放弃做官回家奉养父亲十多年。皇帝身边的大臣为了表彰他的品行,劝他去做泗州的教师,他没有去。葛密没有办法,答应他过几天跟着他去,葛书思才请求监管新的地方,后来他做了朝奉郎。他守丧的时候,因为过度哀伤,身体异常消瘦,夏天不放弃粗糙的麻布,整个守丧期间都不忍心离开墓旁的住所。

母依为命

明沈周①，字启南，长州人。幼笃学②，书无所不览。文摹左氏③，诗拟白居易、苏轼、陆游，字仿黄庭坚，并为世所爱重。尤工于画，评者谓为明世第一。四方名士过从④无虚日，风流文采，照映一时。奉亲至孝。父殁，或劝之仕，对曰："若⑤不知母氏依我为命耶？奈何离膝下。"先后巡抚王恕、彭礼咸礼敬之，欲留幕下，并以母老，辞。周以母故，终身不远游。母年九十九而终，周亦八十矣。

先生具此才，富贵逼人来。

膝下承欢永，三公岂易哉。

庚辰孟冬蓝云屏书

【注释】①沈周：明代杰出书画家。②笃学：专心好学。③左氏：指左丘明。④过从：互相往来，交往。⑤若：你。

【译文】明代的沈周，字启南，是长州人。他小的时候专心好学，书没有他不读过的。他的文章模仿左丘明，诗歌模仿白居易、苏轼、陆游，书法模仿黄庭坚，这些方面的成就都被世人看重喜爱。他特别擅长画画，评论者们认为明代第一。各地的名人来来往往地拜访他，一天也不空闲，他的才华与潇洒的风度，在那个时代非常耀眼。他对父母非常孝顺，父亲死后，有人劝他做官，他回答说："你不知道母亲现在只有依靠我生活了吗？我怎么能离开她的身边？"前后两位巡抚王恕、彭礼都对他非常敬重，想要把他留下做幕僚，他都因为母亲年老推辞掉了。沈周因为母亲的原因，终身没有离开家到很远的地方。他的母亲活到九十九岁去世，而那时候沈周也八十岁了。

采藤遇虎

明师逮，字九达，东阿人。少孤，事母至孝。年十三，母疾，思藤花菜。逮出城南二十余里求得之。及归，夜二鼓^①，遇虎。逮惊呼天，虎舍之去。持藤奉母，母疾寻愈。

洪武中，以国子生从^②御史出按事，为御史所劾^③。逮至，帝伟^④其貌，释之，谪^⑤御史台书案牍^⑥。久之，擢御史，迁陕西按察使。狱囚淹系^⑦千人，浃旬^⑧尽决遣^⑨，悉当其罪。母忧去官，庐墓，不饮洒食肉者三年。

母病欲藤花，娇儿远出挐^⑩。

夜中偏遇虎，应有鬼神遮。

高振霄

【注释】①二鼓：二更天，就是现在的晚上9点到11点。古代夜里为报知时刻而于每更敲打大鼓。所以二鼓就是二更。②从：跟着。③劾：弹劾，揭发罪状。④伟：认为……很奇伟。⑤谪：封建时代特指官吏降职，调往边外地方。⑥案牍：公事文书，官府的文书、公文。⑦淹系：拘禁，关押。⑧浃旬：一旬，十天。⑨决遣：审判发落。⑩挐：同"拿"，持。

【译文】明代的师逵，字九达，是东阿人。少年的时候父亲就去世了，对母亲非常孝顺。在他十三岁的时候，母亲生病了，想吃藤花菜。师逵走到城南二十多里的地方才找到。等回来的时候已经是晚上二更时分了，碰到一只老虎。师逵大惊地向天呼叫，老虎离开他走了。他把藤花菜进献给母亲吃，母亲的病很快就好了。

洪武年间，师逵以国子监学生的身份跟着御史在外出巡，被御史弹劾。等到了皇帝面前，皇帝认为他的面貌非常奇伟，就宽恕了他，把他派到御史台写公文。过了一些时候，升为御史，调到陕西任按察使。监狱中的犯人关押了差不多一千人，师逵十天就把他们全部审判发落完毕，都按照他们的罪行给予相应的惩罚措施。后来为母亲守孝辞官，在墓地旁边盖草庐居住，三年没有喝酒吃肉。

迎养继母

　　明归钺，字汝威，嘉定人。早丧母。父娶继妻，有子，钺遂失爱。父偶挞钺，继母辄索大杖与之，曰："毋伤乃翁①力也。"家贫，食不足。每炊将熟，即谮谮②数③钺过。父怒而逐之，其母子得饱食。钺饥困，匍匐④道中。比⑤归，辄复杖之。及父卒，母益摈⑥不纳。因贩盐市中，时私⑦从其弟问母饮食，致甘鲜⑧焉。岁大饥，母不能自活，钺涕泣奉迎。母内自愧，不欲往，然以无所资，迄⑨从之。钺得食先母弟，而己有饥色。弟寻卒，钺养母终其身。

　　大杖何能避，儿心自可原。

　　岁饥迎母返，犹可奉晨昏。

　　　　　　　　　　庚辰朱汝珍书 时年七十有一

　　【注释】①乃翁：你的父亲。②谮〔jiàn〕谮：花言巧语。③数：一一列举，数说，数落。④匍匐：爬行。⑤比：等到。⑥摈：排除，抛弃。⑦私：私下里，偷偷地。⑧甘鲜：鲜美的食品。⑨迄：毕竟，终究。

　　【译文】明代的归钺，字汝威，是嘉定人。早些年的时候母亲去世了，父亲又娶了一位妻子，有了儿子以后，归钺就失去了父母的爱护了。父亲偶尔打归钺，继母就拿出大棍棒给他，并且还说："不要损害你父亲的体力。"他家中很贫困，食物不够，每次饭快熟了的时候，继母就花言巧语地数落归钺的过错。父亲生气地把他赶出去，继母母子趁机饱餐一顿。归钺又饿又累，只能在路上爬行。等他回到家中，父亲又拿棍棒打他。父亲死后，继母更加排斥他，不让他回家。〔归钺只能出去自己找事情做，〕在集市上卖盐，经常偷偷地从他弟弟口中询问继母的饮食，给他们送去鲜美的食物。有一年发生了大饥荒，继母不能养活自己，归钺哭着去迎接继母。继母心里非常愧疚，不想去，但是没有什么财物能养活自己了，终究还是依从了。归钺得到食物先给继母和弟弟吃，自己却有饥饿的面色。弟弟不久就死了，归钺奉养继母一直到她去世。

万里寻亲

明刘谨，浙江山阴人。父坐法①戍云南。谨方六岁，问家人："云南何在？"家人以西南指之，辄朝夕向之拜。年十四，矍然②曰："云南虽万里，天下岂有无父之子哉！"奋身而往，阅③六月抵其地，遇父于逆旅④，相持号恸。俄父患疯痹，谨告官乞以身代。法令戍边者必年十六以上，嫡长男始许代。时谨未成丁⑤，伯兄⑥先殁，乃归家携兄子往。兄子亦弱未能自立，复归悉鬻⑦其产畀⑧兄子，始获奉其父还，孝养终身。

髫年⑨行万里，六月抵云南。

劳劳三往返，归来奉肥甘。

古扰邵章书 年六十有九

【注释】①坐法：犯法获罪。②矍然：急遽的样子。③阅：同"越"，过了……时间。④逆旅：旅店。⑤成丁：指男子达到服役的年龄，年龄规定历代不同。⑥伯兄：长兄。⑦鬻：卖。⑧畀：给与。⑨髫年：童年，幼年。

【译文】明代的刘谨，是浙江山阴人。他的父亲犯了法戍守云南，那时候刘谨才六岁，问家人："云南在哪儿？"家人把西南方指给他看，他就早晚向着西南方叩拜。十四岁的时候，他说："云南虽然在万里之外，但天下怎么会有没有父亲的儿子呢（父亲养育了我，我怎么能不尽孝道）？"于是奋力去往云南，经过了六个月才抵达目的地，在旅舍中遇见父亲，相互扶持着大哭。不久父亲患了风痹，刘谨报告官府请求让自己来代替父亲。当时政策规定戍守边关的人必须满十六岁，而且只允许嫡长子或嫡长孙代替。那时候刘谨还没有成丁，长兄已经死去，刘谨于是回家带着长兄的儿子前往云南。长兄的儿子身体也很弱，还没能独立生活，于是刘谨又回家，把家产全部变卖，给长兄的儿子，（请他赎出爷爷），这时候才得以接父亲回家，后来一直都非常孝顺。

跋

铜山张伯英

嘉祥武氏祠，有老莱子①、闵子②、曾子③画像。予得留城，汉石所绘曾子事迹，视武氏祠尤精。孝行见诸图画者，莫古④于此矣。

二十四孝之刻，世多传本，为屏幅，为书册，所见不一，而画大率瑜陋⑤，雅士弗之。尚友人家藏一册，云仇十洲绘图，文征明书事迹，奉为至宝，予阅之赝耳。

世风日浇⑥，蔑伦悖理者，时有所闻，甚至菲薄孝德。子心监督，忧之。以为随事立教，乃能默化潜移回。辑新《二十四孝》，绘图刊说，备极精雅，用意之善，自序详矣。

予旧蓄黄石齐、万年少、傅青主所书孝经，徐又铮将军欲为印布⑦，回事未就，旋致散失。此编若与同印，古迹新著，后先相映，岂非艺林盛事！今则三贤墨妙待存想象间矣。

子心二亲在堂，躬为老莱曾闵之行，更思推善及人，返风俗于敦厚，祛乖戾而召祥和。将于是在，非惟文艺之玩已也。

遂拜观而书其后。

【注释】①老莱子：春秋时期楚国隐士，非常孝顺父母，有"彩衣娱亲"的故事。②闵子：孔子的弟子闵子骞，以德行著称，对父母非常孝敬。③曾子：春秋末期鲁国南武城（今山东省嘉祥县）人，儒家主要代表人物之一，孔子的弟子，有《二十四孝》中"啮指痛心"的故事。④古：早。⑤窳〔yǔ〕陋：窳，粗劣。粗劣简陋。⑥浇：浮薄。浅薄。⑦印布：刊刻，印行。

【译文】嘉祥的武氏祠，有老莱子、闵子和曾子的画像。我有幸留在城中，汉代石刻中画的曾子的事迹，我认为武氏祠中的最精美。把孝行用图画记录下来的，没有比这更早的了。

《二十四孝》的刻本，世间流传着很多版本，有的是屏条，有的是书册，见到的都不一样，那上面的画大部分非常粗劣简陋，文雅的人不会去看。有一位朋友家里收藏了一册书，说是仇英画的图，文征明写的故事，他们家把这个看作是珍贵的宝物，我看过之后，发现是假的。

社会风气一天不如一天，轻视人伦、违背天理的人和事情经常听说，甚至还有人瞧不起孝道。监督郭子心对于这种情况非常忧虑。他认为根据事情进行教导，就能够慢慢地影响人们的思想。所以他编写了《新二十四孝》，绘下图画，刊刻书籍，装帧非常精美雅致，他这一番善良的用意，在自序里已经说得很详细了。

我以前收藏了黄石齐、万年少、傅青主三位所写的《孝经》，徐又铮将军想要为我印刷出来，这件事还没来得及实施，《孝经》就丢失了。这部《新二十四孝》如果能够跟《孝经》一起印刷，古书和新著作，前后相照映，岂不是艺术殿堂的大盛事吗！如今三位墨宝只能存在于想象之间了。

　　郭子心父母尚且健在，他向老莱子、曾子、闵子学习，施行孝道，更能够把善行推广到别人那里，让风俗变得敦厚，祛除悖谬的事情，引来祥和的风气。在这一点上，就不只是附庸风雅玩玩文字游戏了。于是我拜读了这部著作，把这些写在后面。

谦德国学文库丛书

（已出书目）

茶经·续茶经	虞初新志
唐诗三百首	迪吉录
宋词三百首	浮生六记
元曲三百首	文心雕龙
小窗幽记	幽梦影
菜根谭	东京梦华录
围炉夜话	阅微草堂笔记
呻吟语	说苑
人间词话	竹窗随笔
古文观止	国语
黄帝内经	日知录
五种遗规	帝京景物略
一梦漫言	子不语
楚辞	水经注
说文解字	徐霞客游记
资治通鉴	聊斋志异
智囊全集	清代三大尺牍: 小仓山房尺牍
酉阳杂俎	清代三大尺牍: 秋水轩尺牍
商君书	清代三大尺牍: 雪鸿轩尺牍
读书录	孔子家语
战国策	贤母录
吕氏春秋	张岱文集: 陶庵梦忆
淮南子	张岱文集: 西湖梦寻
营造法式	张岱文集: 快园道古
韩诗外传	
长短经	